JN387180

초고진공이 여는 세계

하이테크를 뒷받침하는 기초 지식

고미야 소지 지음
한명수 옮김

전파과학사

머리말

'자연은 진공을 싫어한다'라는 말은 아리스토텔레스의 말로서 너무 유명하다.

그는 그가 머릿속에서 상상하고 있던 원자가 어디든지 들어갈 수 있다는 것을 표현하고 싶었는지 모르겠지만, 최근의 진공 응용 분야의 급속한 확산을 보면 필자는 혹시 그 철학자가 틀렸던 것이 아닌가, 사실은 '자연은 진공을 좋아한다'는 것이 아닐까 하고 생각하게 되었다. 그래서 이 책 제목을 처음에는 '자연은 진공을 좋아한다'라고 붙이려고 진지하게 생각하기도 했다.

새해 첫날의 아사히(朝日) 신문 제5부의 '하이테크는 달린다'의 삽화 속에서 기술로서 빛, 고온, 고압, 자성(磁性)과 함께 진공이 있는 것이 아닌가? 이런 기술과 금속·반도체·유기물·기체·섬유·분말 등의 재료와 결합하여 현대 하이테크의 여러 가지 시스템이 이루어지고 있다는 삽화이다.

물론 원자 또는 그것을 구성하는 원자핵과 전자를 없애면 진공밖에 없으므로 진공이라는 개념은 가장 기본적인 것이다. 그러나 하이테크라고 사람이 말할 때의 진공은 물리학의 기본 개념으로 말하는 것과는 다른 것이다.

요전에 때마침 『채근담(採根譚)』〔중국 명(明)나라 말의 책〕을 읽었더니 '진공불공(眞空不空)'이라는 말이 나왔다. 아마 불교에서 나온 말로 진공이라는 말이 있겠지만, 진공은 공(空)이 아니라는 것은 아주 심원한 철학적인 의미가 있구나 하고 생각하게 된다. 그러나 하이테크의 기사에 나오는 진공은 그런 심원한 철학적인 것과는 다르다.

그러나 진공이라는 말이 대중 신문지상에서 자주 등장하게 되었다는 것은 진공 기술에 종사해 온 사람들에게는 다소 놀랄 만한 일이다. 그때까지 숨은 일꾼, 막이 열려도 결코 무대에 나서지 않는 무대 장치라고 생각하고 있는 사람들이므로 개인적인 얘기여서 죄송한데, 필자는 1984년 7월 11일에 과학 기술과 경제회 주최의 기술 예측 심포지엄에서 독창 기술의 관련 강연의 하나로서 거론하려고 생각한 기획자 여러분이었고, 필자의 얘기는 변변치 못한 것이었는데 진공 기술이 이렇게도 뜨거운 시선으로 주시되고 있다는 것이 필자의 놀라움이었다.

전에는 직업을 물어 와도 설명하기 난처했다. '진공?'이라고 순간적으로 생각했다가 하는 말이 '전구입니까?' 하는 질문이며 사람에 따서는 배큠카를 상상하여 말로 하지 못하고 난처한 표정을 역력히 보였다.

지금은 조금 달라졌다. 그래도 험담을 잘하는 대학교수는 '당신들은 좋겠어. 공기를 없애는 것으로 돈을 버니 말이오'라고 한다. 그렇지 않다는 것은 이 책을 읽어보면 알게 되지만 어쨌든 폭넓은 범위에서 사용되고 있다고 이 책을 쓰면서 절실히 실감했다. 특히 진공 관련 그래프를 새로 그리면서 그렇게 느꼈다.

2차 세계대전 후 진공 기술은 급속히 발전하였다. 그리고 기술의 혁신이 일어났다. 그것은 진공이 공간에 있는 기체 분자의 밀도가 희박한 상태로서 파악하는 기체 분자 운동론의 입장에서 벗어나서 표면과 기체 분자 하나하나에 주목하는 표면 과학의 입장으로 바뀌었기 때문이다. 그리고 초고진공 기술이 탄생했다. 전자공학과는 진공관 시대부터 관련이 있었지만 반도체 시대가 되어 더욱 깊어졌다. 그것은 앞에서 말한 표면 과학이 초고진공 기술에도 전자공학에도 중요한 공통으로 기초 과학이 되었다는 것을 뜻하고 있다.

이 책에서는 진공 기술 전반을 보지는 않는다. 주로 기술 혁신에 의해서 태어난 초고진공 기술이 만들어내는 '표면 우세의 세계' 지도를 독자에게 보이려고 했다.

어떤 세계인가는 차츰 이 책에서 설명해 가겠다.

이 책 전부에서 10장을 통해 전체를, 어떤 때는 지하류로서, 또 다른 때는 표면류로서 마치 바흐의 음악에서 울려 퍼지고 있는 통주저음(通奏低音)과 같이, 지속해서 흐르고 있는 테마는 말할 것도 없이 초고진공이고 표면 과학이다.

필자가 이 작은 책을 쓰려고 생각한 직접적인 동기는 모리나가 뮌헨 공대 교수의 『방사능을 생각한다』를 읽었기 때문이다. 선생님이 일본에 계실 때 정열을 쏟아 방사능의 이용이 유익하다는 얘기를 들은 일이 있었다. 그 책을 읽어보면 그것이 선생님의 말투 그대로 마치 이야기를 듣는 것처럼 알기 쉽게 쓰여 있다.

방사능이라는 어려운 일을 이렇게도 쉽게 해설할 수 있으니 진공 이야기도 독자에게 쓸모 있을 것으로 생각하였다.

블루백스에는 히로세, 호소다(細田昌孝) 두 선생의 『진공이란 무엇인가』가 모리나가(森永) 선생의 책의 반년 전에 출판되어 아주 평이 좋았다. 필자도 재미있게 읽었다. 더욱이 히로세 선생님과는 다른 주제로, 주로 새로운 진공 기술의 응용 분야를 주체로 한 책이 있어도 되지 않는가 생각했다. 진공 기술의 체계적인 교과서는 있는데 응용 측면을 주체로 쓴 책은 드물다는 것이 그 이유이다.

이 책은 처음에 비즈니스맨이 주말에 드러누워 책을 머릿속에 그릴 수 있도록 쉽게 쓰려고 마음먹었다. 그런데 이 책의 최초의 독자인 고단샤(講談社) 과학도서 출판부의 야나기다 씨로부터 중학·고교생이 읽게 해달라는 제의를 받아 충격을 받았다. 정직하게 얘기해서 중고등학생이 이해할 수 있게 쓸 자신이 없었지만 야나기다 씨의 격려를 받아 해보자는 생각이 들었다.

이 책을 쓰는 데 있어서 대략 다음과 같은 두 가지 방침을 세웠다.

한 가지는 수식을 쓰지 않는 것이었다. 이것은 약간의 예외를 제외하고는 실행할 수 있었다. 수식이나 화학식이 아무래도 필요할 때에는 칼럼 속에 넣도록 했다. 독자가 싫으면 칼럼을 뛰어넘어도 좋도록 하게 할 작정이었다.

두 번째는 독자에게 원자, 분자, 이온, 전자, 플라스마 등에 익숙해지도록 하려는 것이다. 진공 얘기는 그런 입자의 한 개 한 개의 행동을 상상하면 이해가 빠르기 때문이다.

어쨌든 조금씩 진행된 내용부터 야나기다 씨에게 보내 읽어달라고 하여 의견을 들었다. 실제로 야나기다 씨의 협력 없이는 이 책이 완성되지 않았을 것이다.

그러나 서술이 서툰 곳이나 알기 어려운 점은 역시 필자의 책임이다.

머리말의 끝에 필자의 성가신 질문의 편지에도 친절하게 대답해준 J. M. 래퍼티 박사, 앨퍼트 교수의 비서 E. 캐럴 여사,

그밖에 성함을 드는 것을 생략하겠지만 쾌히 필자의 질문이나 부탁을 들어주신 분들에게 감사의 뜻을 표명하고 싶다.
 그리고 끝으로 언제나 저자를 지도해 주시고 격려해 주시는 일본 진공 기술 주식회사 사장 하야시(林主税) 박사에게 마음으로부터의 감사를 드리고 싶다. 하야시 박사는 격무 시간을 쪼개어 이 책을 위하여 서문을 써주셨다.

책에 붙여서

요즈음 본업 외에 책 등을 쓰는 다재한 사람이 배출되어 세상의 풍요로움을 반영하고 있는 듯이 느끼고 있었는데 고미야(小宮) 씨는 왜 그런지 모르겠지만 패션 감각에 대해서도 크게 동경(?)을 가지고 있는 것 같습니다.

기술 이야기를 알기 쉽게 일러스트로 정리할 수 있을 것 같은 사람입니다.

그가 정열을 쏟아 썼다고 생각되는 이 책은 중·고등학생뿐만 아니라 이미 사회에 나간 젊은 사람들에게도 읽혀서 기술에 대한 흥미의 포로가 되는 사람이 많이 나왔으며 좋겠습니다.

얼마 전에 고미야(小宮) 씨의 상사가 이런 얘기를 들려주었습니다.

'고미야 씨는 아침에 가끔 늦게 나와 고개를 숙이고 잠바 주머니에 손을 넣고 생각하면서 (직장을) 걸어 다니고 있어요. 주위 분위기가 시들해져서…'

고미야 씨는 기술 개발 담당이라고는 하지만 이사이므로 그 상사가 그렇게 말씀하시는 것은 마땅한 얘기지만 고미야 씨에게 무슨 사정이 있는 것이 아닐까…하고 남몰래 걱정을 하고 있었는데 갑자기 서문을 써달라는 편지와 함께 이 책의 원고를 보내왔습니다. 그 편지를 읽어보니 주말의 모든 시간을 쏟아 중고등학생에게도 읽어주기를 바라면서 썼다고 씌어 있었습니다. 그래서 그가 최근에 가끔 늦게 나온 이유를 알게 된 것 같습니다.

자칫 창조성이 부족하지 않는가 하는 일본 사회도 요즈음 변화의 조짐이 보이는데 이 책은 그런 방향에 부응하는 것인지도 모르겠습니다.

고미야 씨는 마음이 착한 분이므로 독자는 서슴없이 질문이나 토론을 하는 것이 좋으리라 생각합니다.

하야시 치카라

차례

머리말 3
책에 붙여서 9

1. 진공의 자리를 내리는 일에의 도전 ·················· 15
지구는 진공 속에 떠 있다 15
진공 기술의 새벽 17
수은에서 기름으로 바꿔간 진공 펌프 20
진공을 어떻게 측정했는가? 25
큰 전환 28

2. 진공 공업이 더듬어 온 길 ························· 34
진공을 기계적으로 이용한다. 34
진공의 화학적 이용 35
진공의 물리적 이용 39
진공의 생물에의 응용 41
진공 공업 관련 수목도 44
진공 공업의 성장 분야 46

3. 가장 눈부신 발전—진공을 이용한 성막 공업 ·········· 48
진공 중에서의 성막 방법 48
진공 증착이란? 48
진공 중의 증발 현상 49
기판 상에의 증착 52
플라스틱에의 증착 55

증발원　57
진공 증착은 전자 공업과 더불어　59

4. 감기 증착 · 61

메탈라이즈드 페이퍼 콘덴서　61
금은지의 소재로서…　64
전사 실 그 밖의 응용이 넓어지다　65
태양열 선택 반사·흡수막　67
고밀도 자기 기록 테이프　70
대량 생산에 알맞은 필름이라는 소재　73

5. 이온 플레이팅 · 74

이온 플레이팅이란 무엇인가?　74
습식 크롬 도금과 환경 문제　80
홀로 캐소드 방전법　82
탄화물, 질화물의 이온 플레이팅　86
특수강의 공구 수명이 늘어났다　88
단단하고 내식성이 있는 금색 코팅　90
반도체 프로세스에서 이온 플레이팅은 알맞지 않은가?　92

6. 플라스마 프로세스—스퍼터링 · 94

방전 현상　94
스퍼터링이란 무엇인가?　96
스퍼터링에 의한 성막의 특징　99
위대한 실용적 진보—평판 마그네트론 스퍼터원　105
스퍼터 증착의 마무리　111

7. 초고진공 I—깨끗한 진공을 만든다 114
깨끗한 진공과 초고진공 기술   114
물리 흡착과 슈퍼벌   115
기름 증기 분자의 특이한 행동   118
기름 증기 분자의 역류   120
기름 확산 펌프로는 깨끗한 진공을 만들 수 없다   123
초고진공 펌프의 삼총사   125
수증기 분자의 흡착과 탈리   133

8. 초고진공 II—표면 과학과 분자선 에피택시얼 성장 140
표면 과학과 초고진공 기술   140
실리콘 표면에 고유한 초격자 구조   142
오제 전자 분광이란 무엇인가?   147
표면에만 민감한 화학 분석   150
오제 전자 분광과 깊이 방향 분석   154
분자선 에피택시얼 성장   157

9. 넓어지는 플라스마 이온빔 이용 기술 165
지금 반도체 공장에서는…   165
활성 가스 이온 에칭(RIE)   169
어디까지 선폭을 가늘게 할 수 있는가?   171
플라스마로부터 받는 웨이퍼의 손상   173
플라스마 CVD   174
이온 주입이란 무엇인가?   180
플라스마 이온빔 이용 기술의 마무리   185

10. 거대과학과 초고진공 기술—앞으로의 진전 ·················· **187**
　여기까지 온 진공 기술　187
　핵융합과 깨끗한 플라스마　188
　고에너지 입자 가속기와 SOR광　191
　알루미늄 합금제 초고진공 배기계　195
　앞으로의 진전에 중요한 진공 중의 더스트 연구　199

1. 진공의 자리를 내리는 일에의 도전

지구는 진공 속에 떠 있다

초고진공(超高眞空)은 우주 공간으로 가면 이미 존재하고 있다. 그러므로 가장 간단한 것은 실험 도구를 가지고 우주로 날아가는 일이다. 공상 과학 소설의 세계라면 아주 쉬울 것이다.

지구와 달의 중간쯤 되는 근방의 진공은 10^{-7}(1000만분의 1)뉴턴/㎡라고 한다. 태양과 지구의 중간 근방쯤에서 압력은 다시 그 100분의 1(10^{-9})이 된다. 이 근방의 진공은 제법 초고진공이다.

우리 태양계는 은하계 우주(銀河系宇宙)에 속한다고 한다. 그리고 그 은하계 우주는 원반던지기의 원반과 같이 납작한 모양이라고 한다. 우리 태양계는 원반 중심으로부터 약 반쯤 떨어

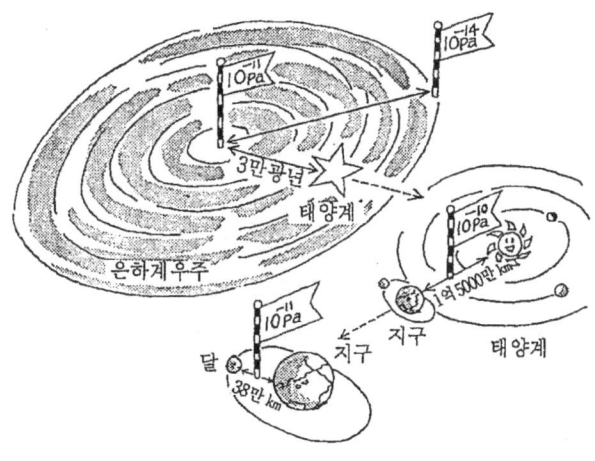

〈그림 1-1〉 은하계 우주의 진공

〈표 1-2〉 진공 기술에서 사용하는 압력 단위의 환산

> 1뉴턴/㎡=1파스칼
> 1파스칼=0.0075 Torr
> 1Torr=1㎜ 수은주
> 1기압(atm)=760 Torr
> 1기압(atom)=1.013×10^5파스칼
> 소수점 이하를 생략하면 1기압은 10파스칼이다.
> 1Torr=133파스칼
> 자릿수만을 문제로 삼을 때는 '1Torr는 약 100파스칼'이라고 기억하여 두고 10^{-10}Torr이라고 하면 10^{-9}파스칼이라고 암산하면 된다.

진 곳에 있다는데 끝 쪽은 10^{-14}(100조분의 1)뉴턴/㎡의 압력이다. 은하계 원반 중앙부 근방에서는 그 1,000배(10^{-11})정도의 압력이라고 한다.

이는 우리 지구를 우주선 지구호(宇宙船地球號)로 인식하는 많은 사람에게 받아들여지고 있다. 이만하면 지구는 우주의 초고진공 속에 떠있다고 해도 되지 않을까?

압력의 단위로 뉴턴(newton : N)/㎡를 들었다. 국제단위계(SI)에서는 이것을 파스칼(Pascal)이라고 부르고 Pa로 적는다. 이 책에서는 다음부터 압력의 단위에 파스칼을 쓰기로 한다. 새로운 교육을 받은 사람에게는 괜찮겠지만 생산 현장에서 진공을 밤낮으로 사용하고 있는 사람들에게 파스칼은 어쩐지 생소해서 머릿속에서 한 번 환산해서 이해하는 것이 실정이다. 이 사람들은 Torr(토르)라는 실용 단위에 익숙하다.

압력 단위 환산에 대해서는 〈표 1-2〉를 보기 바란다.

진공 기술의 새벽

17세기 이탈리아의 물리학자 토리첼리(Evangelista Torricelli, 1608~1647)가 이른바 '토리첼리의 진공'을 발견한 것은 1643년이다. 갈릴레이(Galileo Galilei, 1564~1642)에게 인정받아 1641년에 피렌체로 가서 갈릴레이 생애의 마지막 3개월 동안 어린 비비아니(Vincezo Viviani, 1622~1703)와 함께 그의 조수로 일했다. 그가 죽은 뒤, 피렌체 아카데미의 교수가 된 토리첼리는 비비아니와 함께 실시한 실험으로 '토리첼리의 진공'을 확인하였다.

발견의 경위는 대략 다음과 같다. 스승 갈릴레이는 빨대 펌프가 약 10m 보다 낮은 곳에 있는 물을 퍼 올리지 못한다는 사실에 주목하였는데, 이 현상을 설명하지 못했다. 제자인 토리첼리는 이 현상은 대기압(大氣壓)의 존재를 나타내는 것이라고 생각했다. 물 비중이 1인데 대해서 수은의 비중은 13.6이다. 물 10m 높이는 수은의 칠십 몇cm인가에 해당할 것이라고 생각했다. 그래서 그는 1m쯤 되는 길이의 한 쪽 끝을 막은 유리관에 수은을 가득 채워서 수은조(水銀槽) 속에 열린 쪽 끝을 넣고 거꾸로 세웠다. 유리관 속의 수은은 일부는 수은조 속으로 흐르기 시작하였는데, 수은조 액면으로부터 76cm의 높이에서 유리관 속의 수은은 멎어 있었다. 토리첼리는 유리관의 수은주 위의 공간에 진공이 생겼다고 생각했고 사실 그것이 옳았다. 진공의 실용 단위인 토르(Torr)는 그의 이름을 기념하기 위해 붙인 것이다.

프랑스의 철학자 파스칼(Blaise Pascal, 1623~1662)은 이 발견을 전해 들었다. 그는 평지와 높은 산꼭대기에서 같은 실험

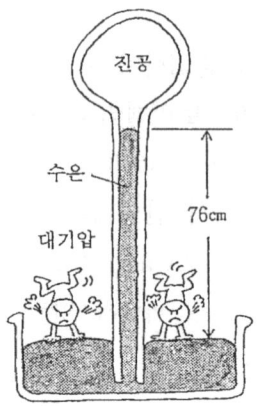

〈그림 1-3〉 '토리첼리의 진공'을 나타내는 수은주

을 되풀이하여 수은주의 높이는 평지보다 산꼭대기에서 낮아지는 것을 발견했다. 그리고 유리관 속의 수은이 대기압에 의해서 밀어 올려지고 있다는 결론을 내렸다. 압력의 SI단위는 그의 이름을 땄다.

1654년 독일의 정치가, 물리학자인 게리케(Otto von Guericke, 1602~1686)는 '마그데부르크(Magdeburg)의 반구(半球)'라고 부르는 유명한 실험을 했다. 그 모습을 보여 주는 당시의 판화(版畵)에 의하면 지름 40㎝쯤의 반구 둘을 합쳐서 그 속을 진공으로 배기(排氣)하여 양쪽을 여덟 마리의 말에게 끌게 했다. 이것은 진공의 위력을 보여주는 훌륭한 시범이라고 하겠다.

게리케는 그 당시 마그데부르크 시의 시장이었다. 이 시는 현재 독일 동쪽에 자리 잡고 있는데, 베를린, 하노버, 라이프치히를 잇는 엘베 강 연안의 상업 교통의 요지로 예부터 번영한 도시이다. 이 실험은 진공이 된 구를 주위로부터 밀고 있는 대

1. 진공의 자리를 내리는 일에의 도전   19

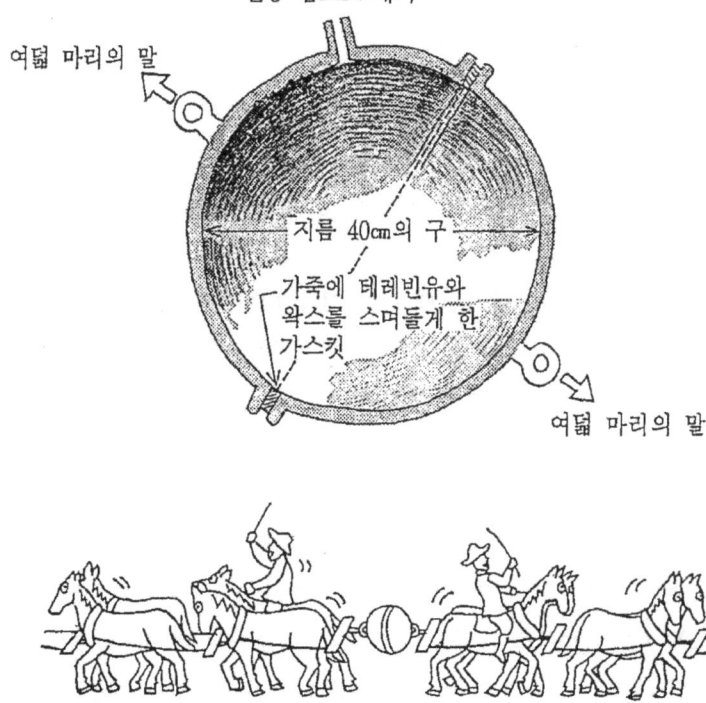

〈그림 1-4〉 게리케와 마르테부르크의 반구

기압의 크기를 많은 사람에게 역력히 보여주었다. 게리케가 사용한 반구는 구리로 만들었고, 이음새에는 왁스와 테레빈유에 담근 가죽을 고리로 만든 가스킷(패킹이라고도 한다)을 썼다고 한다. 또 그는 앞서 1650년에 양수 펌프에 힌트를 얻어 왕복 운동(往復動)하는 피스톤형의 공기를 뽑아내는 펌프를 만들어 진공 펌프로 사용했다고 한다.

이 진공 펌프로 얻어진 도달 압력은 아마 수천 파스칼이었을 것이다.

수은에서 기름으로 바꿔간 진공 펌프

오늘날 우리가 진공 펌프로 쓰는 것의 기초는 독일의 실험 물리학자 게데(Wofgang Gaede, 1878~1945)가 발명했다.

게데가 발명한 초기의 회전 펌프는 수은을 봉지액(封止液)으로 사용했다. 수동식인 이 펌프는 상당히 오랫동안 백열전구나 뢴트겐관의 배기에 이용되었다. 이 진공 펌프는 보조 펌프로서 수류(水流) 펌프가 필요한데, 약 1,000파스칼로부터 배기하여 0.1파스칼 정도의 도달 압력이 얻어졌다고 한다.

게데의 기름 회전 펌프는 1909년에 발표되었다. 이 펌프의 구조는 현재도 게데형으로 널리 사용되고 있다. 수은 회전 펌프에 비해 회전 속도가 커서 배기 속도를 크게 할 수 있고, 보조 배기 펌프 없이 대기압까지 압축시켜 뿜어낼 수 있었다. 게데의 초기 기름 회전 펌프의 도달 압력은 1파스칼 정도였다.

확산(擴散) 펌프에 관해서 알아보자. 게데는 확산 펌프에 대한 최초의 논문을 1915년에 발표하였다. 보조 진공 펌프로 배기한 관 속을 A에서 B로 향해서 수은 증기를 흐르게 한다. 관

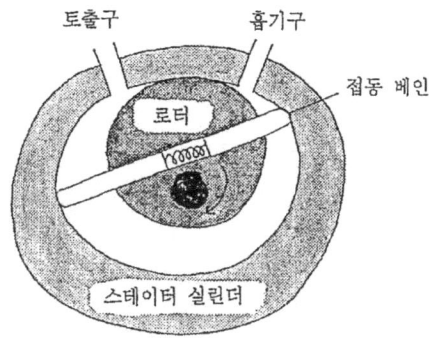

〈그림 1-5〉 게데형 기름 회전 펌프

도중에 있는 슬릿(Slit) C에 날아들어 온 기체 분자가 수은 증기류에 말려들어 보조 진공 쪽으로 이동된다는 것이 그 원리이다. 게데는 이 펌프 작용으로서 수은 증기에 기체 분자가 날아들어 확산되어 가는 것이 가장 중요하다고 생각해서 확산 펌프라고 이름을 붙였다.

다만, 이 펌프는 오늘날의 시점에서 보면 좀 이상한 데가 있다. 진짜 쓸모 있는 확산 펌프가 실현되기에는 다른 뛰어난 아이디어가 더해져야 했다.

또 한 사람의 위대한 과학자 랭뮤어(Irving Langmuir, 1881~1957)는 게데의 확산 펌프의 원리에 이의(異議)를 제기했다. 게데가 말한 것처럼 슬릿 C로부터 뿜어나가는 수은 증기로 기체 분자가 확산되어 가는 것이 중요하지 않고 수은 증기에 따라 기체 분자가 뛰어들 필요가 있다는 것이다. 그러기 위해서는 노즐로부터 뿜어져 나온 수은 증기류를 벽에서 응축(凝縮)시켜 버리는 것이 중요하다고 생각했다. 랭뮤어의 펌프는 게데의 펌프에 비해서 큰 배기 속도가 얻어졌다.

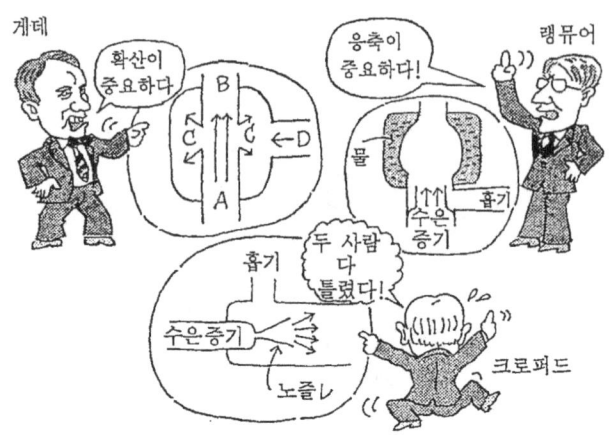

〈그림 1-6〉 확산 펌프의 원리 논쟁

크로퍼드는 더 굉장한 아이디어를 생각해냈다. 그것은 랭뮤어의 응축 펌프 노즐을 거꾸로 세운 부채꼴 모양의 노즐로 이용하는 것이었다. 노즐을 이렇게 만들면 수은 증기류는 노즐목 부분에서 음속(音速)이 되고, 부채꼴의 넓은 부분에서는 초음속(超音速)으로 뿜어나가는 방향이 가지런히 된 빔이 된다는 것이 알려졌다. 그것이 배기에 쓸모가 있다는 것이 그의 주장이었다.

이 크로퍼드의 생각은 옳았고 현재도 확산 펌프 설계에 그의 아이디어가 채택되고 있다.

확산 펌프는 이렇게 수은을 사용했다. 20세기의 처음 4분의 1은 진공을 사용하는 물리 실험이 모두 수은 확산 펌프로 실시되었다고 해도 거짓이 아니다.

영국의 메트로폴리탄 비커스 전기회사의 기사였던 C. 버치는 1928년에 석유의 높은 끓는점 성분을 정류(精溜)한 것을 확산 펌프에서 수은 대신 쓸 수 있을 것이라고 발표했다.
 이것은 대단한 발명이었다. 수은을 사용하면 수은의 포화 증기 압력에 걸맞은 수은 증기가 진공으로 하는 용기에 채워지는데, 실온(室溫) 상태의 수은 포화 증기 압력은 0.1파스칼쯤 된다. 그것을 제거하기 위해서는 확산 펌프의 머리에 액체 공기 트랩(Trap : 액체 공기가 만드는 저온으로 냉각된 면에서 확산 펌프 쪽으로부터 올라오는 수은 증기를 응축시켜 잡기 위한 장치)을 달 필요가 있었다.
 버치의 기름 확산 펌프에서는 그런 트랩 없이 10^{-4}파스칼의 진공을 얻을 수 있었다. 이런 고진공이 간단히 얻어졌으므로 수은 확산 펌프를 사용하고 있던 사람들은 앞 다투어 기름 확산 펌프로 바꾸었다.
 기름 확산 펌프가 사용되고 나서 잊지 못할 중요한 발명은 미국 이스트먼 코닥(Eastman Kodak)사의 기사 K. C. D. 히크먼의 분류(分溜) 펌프이다.
 그는 확산 펌프가 작동하는 동안에 사용액인 석유를 더욱 정제(精製)하려고 생각했다. 그것이 분류라고 부르는 것이다.
 히크먼 펌프라고 이름 붙여진 유리제 펌프를 애용하고 있는 연구자가 있는데, 요컨대 히크먼 펌프는 기름이 되돌아오는 보일러가 넷으로 나눠져 있어서 가장 무거운 유분(溜分)은 보일러 자체 속에서 증류 응축을 되풀이 할 뿐이고, 두 번째로 무거운 유분은 고진공쪽에 가장 가까운 노즐에서 뿜어낸다. 그 다음 것은 두 번째 노즐로부터, 마지막의 가벼운 유분은 가장 보조 진공 쪽에 가까운 노즐에서 뿜어 나온다. 그리고 기름이 저절로 네 보일러에 잘 나눠지게 고안한 것이 히크먼 펌프의 뛰어

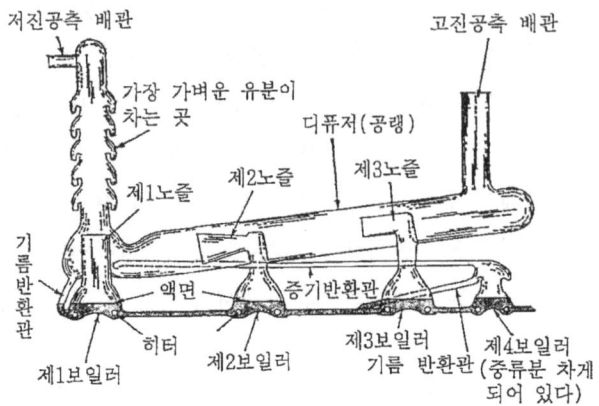

〈그림 1-7〉 히크만 펌프

제1, 제2, 제3노즐에서 분출한 기름 증기는 디퓨저에서 응축하여 기름액이 되어 전부 제1보일러로 기름 반환관을 통하여 되돌아간다. 가벼운 유분이 우선적으로 증발하기 때문에 남은 유액은 제1에서 제4보일러를 향해서 순차적으로 무거운 유분이 되어 간다. 제4보일러로부터는 노즐로 뿜어나가지 않는다. 제4보일러로부터 증발한 유분은 제3보일러로 되돌아간다.

난 점이다.

도쿄(東京) 대학 교수였던 구마가이 선생이 일본 진공 협회가 매년 주최하고 있는 하기대학 교장으로서 젊은 수강자에게 얘기하던 일을 잊을 수 없다.

'좋은 기계란 사용하고 있는 동안에 조금씩 좋아져 가는 법입니다. 분류식 기름 확산 펌프는 그 좋은 예입니다.'

현재의 기름 확산 펌프는 모두 히크먼의 분류 방식이 채택되고 있다.

진공을 어떻게 측정했는가?

토리첼리의 수은주는 그대로 진공계로 쓸 수 있다. 실제로 U자관 수은 마노미터(Manometer)라는 이름으로 불리는 진공계가 그것에 해당한다. 기준이 되는 압력을 0mm 수은주로 잡고 측정해야 하는 진공 용기 쪽에 연결한 수은주의 높이를 읽는다. 높이가 20mm이면 20mm 수은주(2.7×10^3파스칼)가 된다. 수은의 액면차를 0.1mm까지 읽으면 이 진공계의 측정 하한은 10파스칼 정도가 된다.

수은의 액주차(液柱差)를 읽은 것인데, 더 낮은 압력까지 읽을 수 있는 것에 맥라우드 진공계(MacLeod, 眞空計)가 있다. 보일(Robert Boyle, 1627~1691)의 법칙을 응용한 측정법이다. 잴 수 있는 압력의 하한은 유리구와 유리 모세관 치수에 따라 달라지는데, 각각 1L의 용적과 1mm의 안지름인 경우는 10^{-2}파스칼까지 읽을 수 있다.

이 진공계의 발명은 1874년의 영국의 과학 잡지「피로스피컬 매거진(Philosophical Magazine)」에 실려 있다.

측정법의 원리는 〈그림 1-8〉을 보는 것이 알기 쉽다. 수은 액면을 밀어 올려 큰 용적에 있었던 희박한 기체 압력을 작은 용적으로 줄여 수은의 액주차로 읽을 수 있는 압력으로까지 높이도록 고안한 것이다.

맥라우드 진공계는 현재 공장에서는 거의 사용되지 않지만 진공도의 표준을 정하는 것으로 중요한 진공계이다.

일본의 진공도 표준도 맥라우드 진공계를 써서 결정된다. 진공도의 표준 관리는 통산성(通産省) 공업 기술원의 전자기술 종합 연구소에서 하고 있다.

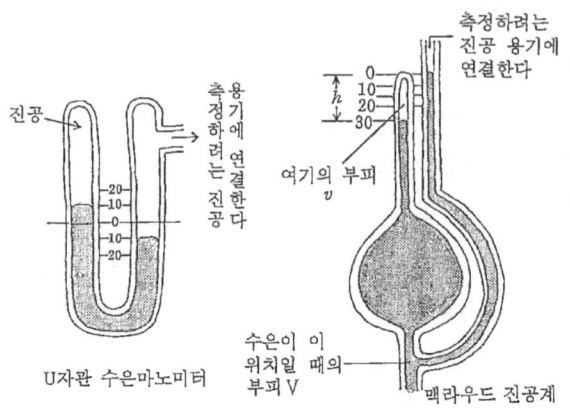

〈1-8〉 U자관 수은 마노미터와 맥라우드 진공계

　진공계 중에는 (ㄱ) 압력을 직접 측정하는 것 외에, (ㄴ) 압력의 어떤 범위에서 기체의 여러 가지 성질이 변하는 것을 이용한 것이나, (ㄷ) 기체의 분자 밀도를 측정하는 것이 있다. (ㄴ)이나 (ㄷ) 방식으로 된 진공계 쪽이 오히려 연구실이나 공장에서 많이 쓰인다. (ㄴ)의 대표로써 피라니 진공계(Pirani, 眞空計)를 간단히 설명하겠다.

　1㎝ 정도의 관 속을 생각하면 대기 압력에서부터 1만 파스칼 정도까지는 감압 중이라도 여전히 대류(對流)가 일어나고 있다. 1,000파스칼부터 1파스칼 사이에서는 대류는 일어나지 않는다. 그 압력 범위에서는 관 속에 차 있는 기체 분자의 열전도(熱傳道)가 압력의 함수로 변하는 현상이다. 압력이 더 낮아지면 이 분자 열전도는 없어져 버리고 단지 필라멘트로부터의 복사열만으로 되어 버린다. 이 복사열은 압력에 관계가 없으므로 그것이 측정의 하한을 정한다.

　그런데 분자 열전도가 유효한 압력 범위에서 관 중심에 있는 필라멘트 온도를 200℃로 일정하게 유지하려면, 관 속의 압력으로 필라멘트에 주는 열 입력을 바꿔 주어야 한다. 이 원리를 사용한 진공계에 피라니 진공계가 있고 널리 보급되고 있다.

피라니 진공계에 관한 최초의 논문은 M. 피라니에 의해서 1906년에 독일 물리회의 회보에 보고되었다. 벌써 80년의 세월이 지났다.

3극관형의 전리 진공계의 발명은 전구나 열전자 진공관의 연구 과정에서 실현되었다. 역사를 거슬러 보면, 1916년의 미국 과학 아카데미 회보에 논문을 쓴 O. E. 베크레이가 발명자일 것이다. 보급이라는 의미에서는 1921년의 「피지컬 리뷰(Physical Review)」에 실린 S. 대시먼과 C. G. 파운드의 논문도 크게 기여했다.

어쨌든 전리 진공계[보통은 이온 게이지(Ion Gauge)라고 부른다]는 열전자 3극관의 연구 과정에서 발명된 것이다.

3극관의 캐소드(필라멘트)는 그대로 두고 그리드에 전자를 모으도록 양(+)전위를 준다. 플레이트에는 이온이 모이도록 음(-)전위를 준다. 필라멘트로부터 나온 전자는 그리드 주변에서 진동을 되풀이하면서 최종적으로는 그리드에 잡힌다. 그 동안 진공 중에 남아 있는 기체 분자와 충돌한다. 기체 분자의 어떤 것은 가지고 있던 전자를 잃고 양이온이 된다. 그리드에 들어가는 전자수를 일정하게 하면 플레이트에 들어가는 이온수는 진공 중에 남아 있는 기체 분자수에 비례한다. 이 현상을 진공도 측정에 이용한다.

이것을 식으로 나타내면 다음과 같다.

$$\text{압력}[\text{파스칼}] = \frac{1}{\text{상수}} \times \frac{\text{이온 전류}[A]}{\text{전자 전류}[A]}$$

상수는 이온 게이지 감도라고 불리며 [1/파스칼]로 나타낸다.

측정 압력의 상한은 이 식의 관계가 성립되지 않는 곳이다. 그것은 이온 게이지의 관구(管球) 속의 기체 분자수가 전자수에 비해서 어느 일정 비율보다 더 커지는 압력 값이다. 보통의 이온 게이지에서는 1파스칼 정도이다.

측정 압력 하한 쪽은 10^{-6}파스칼 정도가 된다.

이 하한을 정하는 것은 압력과는 관계없이 플레이트(집이온 전극)에 흐르는 전류이다. 이 잔류 전류가 무엇 때문에 일어나는가는 오랫동안 수수께끼였다.

이 수수께끼를 푸는 것이 2차 세계대전 이후 초고진공 기술의 급속한 발전의 실마리가 되었다.

다음 절에서 이에 관해 다시 얘기하겠다.

어쨌든 이 3극관형 전리 진공계는 1921년 이후에 진공도 측정에 널리 사용되고 있다. 더욱이 고진공 영역을 신뢰성 높게 측정할 수 있는 단 하나의 실용적인 진공계로서 그 중요성은 아주 높다.

큰 전환

앞 절에서 얘기한 S. 대시먼은 2차 세계대전이 끝나고 4년 후인 1949년에 『진공 기술의 과학적 기초』를 출판했다.

이 책은 그때까지의 진공 기술을 집대성한 것이었다.

대시먼의 진공 기술 교과서는 기체 분자 운동론에서 시작하여 진공 펌프, 진공계, 흡착, 게터(Getter), 증발, 해리(解離)와

1. 진공의 자리를 내리는 일에의 도전   29

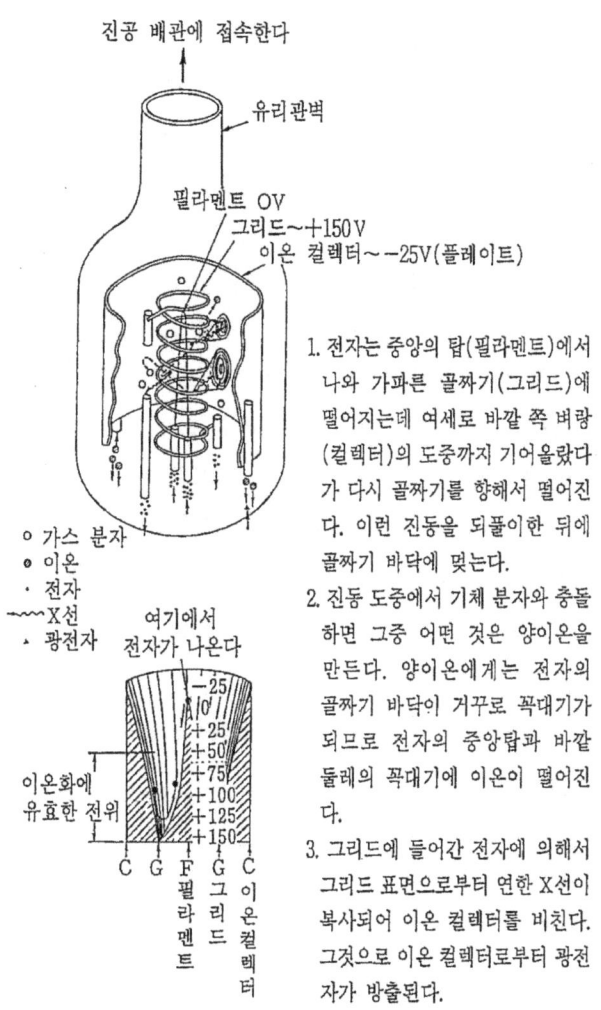

1. 전자는 중앙의 탑(필라멘트)에서 나와 가파른 골짜기(그리드)에 떨어지는데 여세로 바깥 쪽 벼랑(컬렉터)의 도중까지 기어올랐다가 다시 골짜기를 향해서 떨어진다. 이런 진동을 되풀이한 뒤에 골짜기 바닥에 멎는다.
2. 진동 도중에서 기체 분자와 충돌하면 그중 어떤 것은 양이온을 만든다. 양이온에게는 전자의 골짜기 바닥이 거꾸로 꼭대기가 되므로 전자의 중앙탑과 바깥 둘레의 꼭대기에 이온이 떨어진다.
3. 그리드에 들어간 전자에 의해서 그리드 표면으로부터 연한 X선이 복사되어 이온 컬렉터를 비친다. 그것으로 이온 컬렉터로부터 광전자가 방출된다.

〈그림 1-9〉 3극관형 이온 게이지

산화 등을 다루고 있다. 그 마지막 장의 한 절에 '봉지전자관(封止電子管)의 초고진공의 생성'이라는 테마의 기술이 있다. 진공을 당시의 기술 극한까지 가져가면 분명히 진공 그 자체는 그보다 좋아졌다고 추정되는데, 이온 게이지 값으로서는 10^{-6} 파스칼을 가리킨다는 기술이다. 즉, 진공을 만드는 것은 한계를 넘어 있는 것 같은데 그 진공을 측정할 수 없다는 상황이었다 (1968년 래퍼티에 의한 개정판에는 물론 그 절은 새로 씌어져 있다).

몇 가지 선구적인 연구가 있은 뒤, 1954년에 웨스팅하우스사(Westing House)의 연구자 베이야드(Bayard)와 앨퍼트(Alpert)가 참으로 역전의 발상이라고 해야 할 전리 진공계를 발표하여 대시면의 전리 진공계의 측정 하한이 단번에 2자리나 낮춰졌다. 그 베이야드와 앨퍼트의 개혁은 다음과 같다.

먼저 그때까지의 3극관형 전리 진공계는 집이온 전극이 넓은 면적을 가지고 있어서 그리드(집전자 전극)를 둘러싸고 있다.

(ㄱ) 이 상태로 그리드에 전자가 들어가면 그리드 표면으로 연한 X선이 발생한다.

(ㄴ) 그 연X선은 빛과 마찬가지로 주위에 복사된다.

(ㄷ) 플레이트(집이온 전극)도 연X선 복사를 받는데, 그것에 의해서 광전자(光電子)가 방출된다. 그 광전자 전류는 아주 미약하므로 압력이 높은 동안은 플레이트에 들어오는 이온 전류로 가려져서 읽을 수 없다.

　그렇지만 진공이 아주 낮아져 버리면 이온 전류는 들어오지 않고 광전자를 방출하는 쪽만 두드러지게 된다.

이온(+)이 들어오는 것과 전자(-)가 나가는 것은 전류로 보았을 때는 같은 방향이므로 광전자 방출은 이온 전류의 측정 계기는 마치 잔류 전류가 남아 있는 것처럼 보인다.

베이야드와 앨퍼트의 발명은 놀랄만한 것이었다. 연X선이 넓은 면적을 비춰서 광전자류가 많이 흐르기 때문에 비치는 면적을 극단적으로 좁혀주면 된다. 여기까지는 누구라도 알아차릴지 모른다. 그러나 보통으로는 게이지 감도까지 떨어뜨려 결국은 이것저것 다 놓치게 되는데, 그들은 게이지 감도를 희생하지 않고 집이온 전극의 면적을 줄였다. 그것은 그때까지의 3극관의 전극 배치와 아주 반대로 함으로써 성공하였다.

그들의 개량으로 연X선의 하한은 두 자리가 내려갔다. 그때까지의 10^{-6}파스칼이었던 것이 10^{-8}파스칼까지 읽을 수 있게 되었다.

1953년과 1954년에 D. 앨버트는 웨스팅하우스사의 공동 연구자와 함께 두 개의 중요한 논문을 미국의 학회지「저널 오브 어플라이드 피직스(Journal of Applited Physics)」에 발표했다. 첫째 논문은 '초고진공의 생성과 측정의 새로운 개발'이며, 둘째 논문은 '초고진공 Ⅱ 매우 낮은 압력의 달성을 제한하는 인자'라는 제목이었다.

초고진공 기술은 앨퍼트의 이 논문으로부터 시작했다고 해도 과언이 아니다.

전쟁의 상처에서 완전히 치유되지 않았던 일본의 진공 기술 연구자에게도 이 논문은 새로운 세계를 여는 교과서와 같이 받아들여졌다.

필자는 흔히 대시먼의 교과서와 이 앨퍼트의 논문을 대비시켜 다음과 같이 설명한다.

'대시먼의 책은 이를테면 진공 기술상에서 구약 성서에 해당한다. 거기에서 전개되는 세계는 기체 분자 운동론의 세계, 공간 우세의 세계이다.

반면 앨퍼트 이후는 신약 성서에 해당한다. 거기에서 전개되는 세계는 표면 과학의 세계이며, 표면 우세의 세계이다.'

초고진공을 우리가 얻게 되고, 어떤 새롭고 근사한 세계가 열렸는가를 얘기하는 것이 이 책의 목적이다. 차츰 그 중심으로 얘기해가기로 하겠는데, 그 시초가 되는 진공 펌프에서도 '초고진공 펌프의 삼총사'라고 하는 펌프가 새로이 개발되어 갔다.

한편, 앨퍼트 논문에서 진공 펌프는 여전히 기름 확산 펌프 (히크먼 펌프)였다. 그들은 그것을 힘겹게 사용하여 초고진공을 얻었는데, 얼마 후에 기름 확산 펌프는 초고진공계를 오염시킨다고 해서 점점 사용하지 않게 되었다.

기름 증기 분자에 의한 초고진공계의 오염 문제도 표면 과학과 관련하여 중요한 화제의 하나이다. 이에 관해서도 뒷장에서 자세하게 얘기하기로 한다.

1. 진공의 자리를 내리는 일에의 도전   33

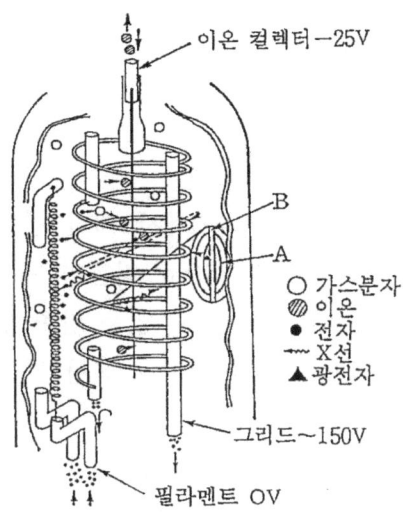

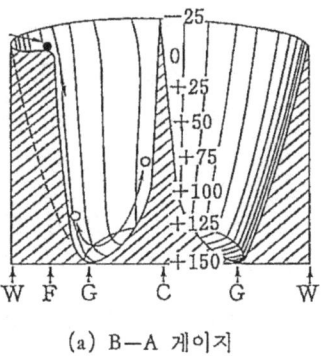

(a) B—A 게이지

〈그림 1-10〉 베이야드-앨퍼트(B-A) 게이지

2. 진공 공업이 더듬어 온 길

진공을 기계적으로 이용한다.

 마그데부르크의 반구 이야기에서 대기 압력을 미는 힘이 아주 크다는 것을 얘기했다. 40㎝ 지름의 구로 16마리의 말이 양쪽에 나눠져 끌어도 떼어낼 수 없을 만한 힘을 얻었다.

 사실, 1㎠ 면적당 1kg의 힘이 작용한다. 1㎡는 10t의 힘에 해당한다.

 친근한 것으로 대기가 미는 힘을 알 수 있는 것은 진공 펌프로 석유통을 배기했을 때이다. 배기를 시작하면 곧 석유통은 안쪽으로 오그라든다. 잠시 후는 오글오글 되어 보기에 딱하게 된다. 석유통 철판 두께로는 대기를 미는 힘을 견딜 수 없기 때문이다. 내친김에 드럼통을 진공으로 배기해 보자. 이것은 괜찮은 경우도 있다. 그래도 빠듯한 힘으로 견디고 있는 것 같아서 우그러드는 것을 관찰하면 어느 순간 소리를 내면서 탁 우그러진다. 이것은 마침 드럼통의 철판 두께가 대기가 미는 힘에 견뎌내지 못하게 된 것을 뜻한다.

 유리병을 진공으로 배기하는 것은 권하고 싶지 않다. 이과 실험용 플라스크라도 하지 않는 것이 좋다. 오히려 해서는 안 된다고 말해야겠다. 그것은 석유통과 달라서 우그러드는 것이 아니고 유리 파편이 까칠까칠한 조각이 되어 무서운 기세로 사방으로 튕기기 때문이다. 옆에 있는 사람은 물론 실험자도 크게 다친다.

 이처럼 진공과 대기 사이의 압력차를 이용하는 것은 도처에서 보게 된다. 이를테면 진공 척(Chuck)이 있다. 철판을 달아 올리는 데는 자석 척을 쓸 수 있지만, 알루미늄판, 구리판, 유리판, 합판은 자석으로는 안 된다. 그래서 진공 척을 사용한다. 고무제 빨판을 판에 꼭 대고 그 속을 배기한다. 같은 원리가 반도체 공장에서도 실리콘 웨이퍼(Silicon Wafer)를 한 장 한 장 나르는 데 사용되고 있다. 로봇이 빨판이 달린 손가락으로 웨이퍼를 잡는다. 진공 핀셋은 작은 것을 잡는 데도 사용되고 있다. 이런 진공의 기계적 이용은 가장 고전적인 것이다.

진공의 화학적 이용

진공으로 만든다는 것은 공기를 희박하게 하는 것, 즉 공기의 주요 성분인 질소나 산소를 희박하게 하는 것과 같다.

산소를 빼내는 일이 큰 발명에 쓸모 있었던 예시로 전구 발명을 들 수 있다.

미국의 대발명자 에디슨(Thomas Alva Edison, 1847~1931)은 1879년 백열전구 발명에 성공했다.

그는 앞서는 2년 동안 1,500종류 이상의 재료로 필라멘트를 만들어 실험했다고 한다. 가까스로 백금 필라멘트로는 어느 정도 실험적인 성공을 얻었으나 너무 비싸서 일반에게 보급하기에는 무리였다. 백열전구의 발명에 성공한 것은 첫째로 탄소 필라멘트의 채용이었고, 둘째로는 진공으로 배기한 것이었다. 탄소 필라멘트는 탄소가 조금이라도 있는 곳에서 가열하면 금방 일산화탄소, 이산화탄소가 되어 버린다. 진공으로 배기하는 것은 에디슨에게는 먼저 첫째로 산소를 없애는 일이었다.

그가 2년 후에 일본 교토[京都 : 이와시미즈 하치만구라는 신사(神

랭뮤어의 필름 이론

미국의 물리 화학자 랭뮤어(1881~1957)는 진공에 관련된 실로 넓은 분야에서 위대한 업적을 올린 사람이다. 그는 1932년에 계면 화학(界面化學)의 여러 연구에서 노벨 화학상을 받았다. 그는 미국의 컬럼비아 대학을 졸업하고 독일의 괴팅겐 대학에 유학한 뒤 귀국하여 1909년 이후 제너럴 일렉트릭사 연구소에서 기초 연구나 응용 연구로 크게 활약했다. 텅스텐 전구, 열전자관, 수소 원자 용접법, 흡착(吸着), 증발과 응축 이론 등에서 위대한 업적을 남겼다.

랭뮤어는 텅스텐 전구의 연구를 하고 있었다. 진공 중에서 텅스텐 필라멘트를 백열 상태로 두면, 점차 유리구의 내벽이 거무스름해지는 동시에 필라멘트가 가늘어지는 것을 경험했다. 백열 필라멘트로부터 텅스텐이 증발하여 유리관 벽에 증착(蒸着)하기 때문이다.

증착을 막기 위해서 그는 진공 전구 속에 비활성 가스를 넣을 것을 생각해냈다. 그의 생각은 이렇다.

… 텅스텐 필라멘트 표면으로부터는 가열 온도와 그 온도에서 포화 증기 압력으로 결정되는 증발량만큼의 텅스텐 원자가 계속 증발한다. 이것은 아무리 해도 막을 길이 없다. 다만, 진공관이라면 증발한 텅스텐 원자가 직접 유리관 벽에까지 닿는다. 그러나 텅스텐 원자가 날아가는 도중의 공간에서 기체 분자와 충돌하게 되면, 이번에는 단지 진공에서 증발할 뿐만 아니라 도중에서 충돌하는 것도 고려할 필요가 있다. 만일 텅스텐 원자가 유리관 벽에 닿을 때까지 몇 십 번이나 충돌하게 되면, 그것은 증발 외에도 기체 분자 중의 텅스텐 원자의 확

산을 생각하게 된다. 그는 이러한 상태의 증발과 확산은 평형이 된다고 생각했다. 즉, 텅스텐 증발은 확산으로 평형된 것 이외는 필라멘트 쪽으로 몰린다고 생각했다. 필라멘트와 아주 가까운 층에 순수하게 증발만이 생기는 공간 영역이 있다. 이 층의 두께는 필라멘트를 튀어나간 텅스텐 원자가 아직 한 번도 기체 분자와 충돌하지 않은 사이의 거리가 된다. 랭뮤어는 이 층을 필름이라고 불렀다. 즉, 필름 안에는 텅스텐 증발 원자가 차 있다. 필름 바깥쪽은 기체 분자가 차 있어서 필름으로부터 나온 텅스텐 원자는 이 속으로 확산되어 가는 모형이다.

후대 사람들은 이 이론을 '랭뮤어의 필름 이론'이라고 불렀다.

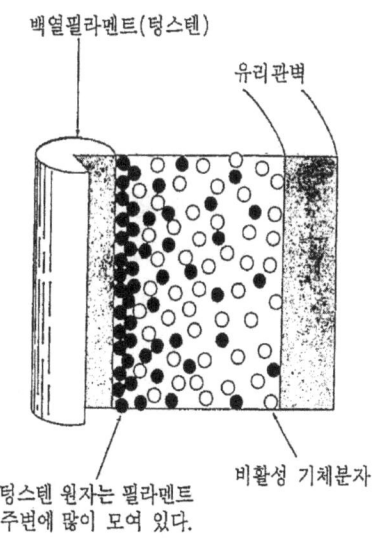

〈그림 2-1〉 랭뮤어의 필름 이론

社) 경내에서 가져간]에서 얻은 대나무 섬유를 사용하여 탄소 필라멘트를 만들어 장시간 동안 쓸 수 있는 백열전구를 만든 것은 잘 알려진 사실이다.

물론 교토의 대나무 섬유로 만든 탄소 필라멘트는 그 뒤(1910)에 텅스텐 필라멘트로 바뀌었다.

랭뮤어에 대해서는 앞에서 두 번 얘기했는데, 여기에서 이 위대한 화학자 얘기를 더 하겠다.

그는 텅스텐 진공 전구에 비활성(非活性) 가스를 채워서 텅스텐의 증발을 막는데 성공했다. 오늘날 쓰는 가스 봉입 전구의 발명은 랭뮤어에게서 힘입은 바가 아주 크다.

이를테면 랭뮤어의 필름 두께는 정확하게 말하면 텅스텐 원자와 기체 분자 사이의 충돌에 관한 평균 자유 행정(平均自由行程 : Mean Free Path)으로 결정된다. 실온(室溫)의 공기 분자끼리의 평균자유행정은 1파스칼에서 6.5㎜이다. 평균 자유 행정은 압력이 낮아지면 길어지고 압력이 높아지면 짧아진다. 평균 자유 행정과 압력은 반비례 관계에 있다.

텅스텐 전구인 경우에 평균자유행정이 6.5㎜로는 아직도 너무 길기 때문에 적어도 수 내지 십 수 파스칼로 비활성 가스를 채울 필요가 있다.

진공의 화학적 이용으로 산소를 무시할 수 있는 수준으로까지 제거하는 것은 넓은 응용 분야에서 사용되고 있다. 2차 세계대전 후, 1950년대에 일본에서 맨 처음으로 진공이 공업적으로 사용된 것은 철강·티탄의 정련(精鍊), 유지(油脂)·과즙의 진공 중에서의 처리 등이었다. 이것은 모두 진공의 분위기를 사용하면 산화가 방지되는 작용에 주목한 것이었다.

특히 전후의 일본에서 진공 규모를 중공업 영역에서 쓸 수 있는 데까지 끌어 올려가는 직접적인 수요는 티탄 정련이었다. 티탄은 화학적으로 매우 활성적인 금속이므로 정련의 과정 대부분을 진공 중이거나 비활성한 환경 속에서 해야 했다. 진공 기기 공장에서 티탄 정련 설비의 확대와 더불어 발주되는 진공 기기 부품이 대형화되어 간 시대였다. 기름 확산 펌프도, 기름 회전 펌프도 해마다 대형으로 요구되어 공장으로부터 출하되어 갔다.

진공의 물리적 이용

기체 분자끼리 충돌되는가, 전자나 이온과 기체 분자가 충돌되는가 따위를 결정하는 것은 앞에서 얘기한 평균 자유 행정이다. 실온의 공기 분자끼리는 1파스칼에서는 6.5㎜이다. 10^{-2}파스칼에서는 65㎝가 되므로 작은 진공 용기 속에서 실험하는 한, 기체 분자는 도중에 한 번도 같은 기체 분자와 충돌하지 않고 벽과 벽 사이를 왔다 갔다 한다. 마치 스쿼시(Squash)의 공과 같다. 전자나 이온도 그 에너지나 입자 지름에 따라 다르지만, 역시 평균 자유 행정을 가지고 있어서 도중에 기체 분자와 충돌하는가 충돌하지 않는가는 그 진공 속의 기체 압력에 따라 결정된다. 대략의 어림을 잡으려면 공기 분자끼리의 평균 자유 행정을 사용해도 지장이 없다.

이렇게 진공 용기 속에 남아 있는 기체 분자의 거동이 용기의 치수에 맞먹는 평균 자유 행정이 되는 압력에 따라 확 달라지는 일이 있는데, 그것은 화학적인 작용도 기계적인 작용도 아니고 어떤 기체 분자에서도 똑같이 일어나는 물리적인 작용

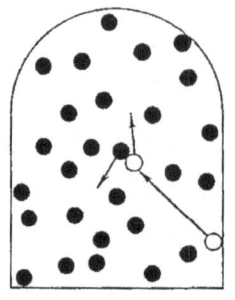 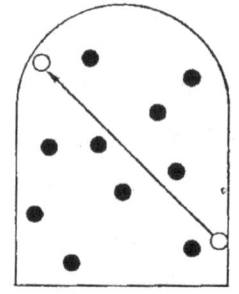

(a) 평균 자유 행정이 짧다
오른쪽 아래 벽으로부터 뛰어나간 분자가 가스 분자의 방해를 받아 몇 번인가 가스 분자와 충돌하면서 가가스로 벽에 도달한다

(b) 평균 자유 행정이 길다
가스 분자가 적으면 오른쪽 아래로부터 나간 분자는 직접 벽에 닿을 때까지 날아간다

〈그림 2-2〉 평균 자유 행정

이라고 해야겠다. 진공을 이용하는 것 중에서 이렇게 순수하게 물리적인 이유로 진공을 사용하는 예가 상당히 있다. 그 예를 두 가지쯤 들어보겠다.

요즈음은 일상생활 속에서 그다지 전자관(예전에는 진공관이라고도 했다)을 보지 못하게 되었지만, 그래도 텔레비전의 브라운관이나 전자레인지의 마그네트론관(Magnetron 관)은 가정에서 사용되고 있다. 이들 전자관은 모두 그 치수에 비해서 충분히 긴 평균 자유 행정을 가질 수 있는 압력(10^{-4}파스칼 이하의 값)이 관 속에서 유지되고 있다.

전후에 맨 처음으로 진공이 공업적으로 사용된 것에 비타민유 등의 분자증류(分子蒸溜)가 있다. 대기 중에서는 가열로 파괴되기 쉬운 귀중한 기름 성분을 진공 중에서 증류했다. 그중에서도 정류(精溜)가 필요한 것은 이 분자 증류로 행해졌다.

2. 진공 공업이 더듬어온 길   41

 증발하는 면과 증발한 성분을 포집하는 응축면(凝縮面)이 가까운 거리로 맞닿아 있다. 증발면은 정밀하게 온도 제어가 되어 있어서, 거기에 기름이 아주 얇은 막 모양으로 흘러내린다. 증발면으로부터 증발한 기름 증기 분자는 도중의 공간에서 한 번도 공기 분자와 충돌되지 않고 응축면에 도달해야 한다. 그래서 분자 증류의 작동 압력은 기름의 평균 자유 행정을 기준으로 하여 결정한다.

진공의 생물에의 응용

 진공에서 살 수 있는 고등 생물은 없다. 진공 속에 쥐나 개구리를 넣으면 내장이 입으로 튀어나와 보기에도 애처로운 모습으로 죽어 버린다. 식물도 그대로 진공 용기 속에 넣고 배기하면 수분이 빼앗겨 시들어 버린다. 진공에서는 수분 증발이 아주 빠르기 때문이다.
 이것을 이용하는 공업도 있다.
 인스턴트 커피, 인스턴트 수프, 많은 진공 건조 식품 등 처음에는 우주식(宇宙食)으로서 신기하게 생각하던 것이 자꾸 가정에 들어오고 있다.
 의약품 중에서 열에 대하여 민감하고 약한 것은 동결 건조(凍結乾燥)라는 방법을 취한다. 이것도 전후의 상당히 이른 시기부터 페니실린, 스트렙토마이신 같은 의약품이 이 냉동 건조법으로 생산되어 왔다.
 배양액을 앰풀에 나누어 넣고 액체 질소에 앰풀을 담가 급속히 냉각한다. 그대로 앰풀을 진공 배기계에 연결하여 저온으로 유지한 채로 진공으로 배기한다. 그렇게 하면 저온인데도 얼음

〈그림 2-3〉 진공 저장법과 그 밖의 저장법 비교
*PRAC 예냉법은 진공 냉각법과 특수한 CA저장법을 조합한 새로운 방법.
PRAC는 Pre-Refrigerated Atmospheric Control의 약어

	냉장고	포장저장 (폴리에틸렌)	PRAC 예냉	진공저장
샐러리	8일	10-20일	30일	50일
레터스	3일	10-20일	30일	"
시금치	7-10일	10-20일	28일	"
딸기	2일	5-10일	30일	"
복숭아	3-8일	10-15일	30일	"
파슬리	4일	5-10일	20일	"
양배추	8일	10-15일	20일	"
토마토	30일			67일
죽순	3-4일	4-6일	14일	21일
그린피스	4-7일	7일	14일	30일
생표고버섯	2-3일			14일
국화	7-10일			35일

에서 수분이 증발(승화)하여 점점 건조해 간다. 뒤에 남는 것은 미립 가루인데 수분이 빠진 뒤에는 앰풀은 실온에서도 오래 보존될 수 있다.

동결 건조에 요구되는 것은 급속히 냉각함으로써 세포 내부의 물을 미결정(微結晶)인 얼음으로 만드는 것과 건조 과정에서 얼음의 결정 입자를 크게 성장시키지 않는 일이다.

결정 입자가 커지면 세포의 얇은 막을 얼음이 뚫고 들어가기 때문이다. 그리고 얼음 온도가 높아지면 결정 입자가 크게 성장한다.

같은 수법이 의학 표본의 육편(肉片)에도 적용되고 있어서 얇게 썬 육편 시료의 동결 건조가 대학이나 연구소에서 시행되고 있다.

수분 증발에 의해서 채소 온도가 내려가는 것을 이용한 진공 냉각이라는 방법이 있다. 이것은 나가노(長野) 현의 농협(農協)에서 채택되어 고원 채소 레터스(Lettuce) 등에 적용되었다. 골판지 상자에 담은 채소를 진공 용기에 넣어서 급속히 배기한다. 그렇게 하면 표면으로부터 수분이 증발하는 동시에 채소의 온도가 내려간다. 냉장고에 넣은 경우에 비해 미리 채소의 온도 자체가 낮아져 있으므로 보냉차(保冷車)에 싣고 중앙 도매 시장으로 가져갈 때까지 신선도를 떨어뜨리지 않고 운반할 수 있는 특징이 있어서 지금은 전국적으로 보급되어 있다.

아오모리(靑森) 현의 사과 저장에 CA저장이라는 방법을 사용하여 장기간에 걸쳐 신선한 사과를 시장에 내고 있다. CA는 '조종(Controlled)한 가스체(Atmosphere)'라는 영어의 머리글자를 딴 것이다. 저장 중의 가스체가 채소, 과일, 꽃 등의 성숙과 깊은 관계가 있다는 것이 알려져 사과 저장을 특수한 가스체 속에서 하고 있다. 최근에는 CA저장을 진공 상태(라고는 하지만 다른 진공과 비하면 훨씬 기압이 높은 상태인데)에서 하면 더 오랫동안 저장할 수 있다는 것이 밝혀지고 있다. 아직 실험 단계이기는 하지만 아주 유망하다.

저온으로 식물을 저장하는 것은, 이를테면 식물을 동면(冬眠)시키는 것과 같다고 이해할 수 있다. 식물의 호흡량을 빠듯할 만큼까지 줄여 성숙을 억제하는 것이 진공과 그 속의 가스 종류를 조절하여 달성된다는 것은 진공 전문가에게는 유쾌한 일이다.

진공 공업 관련 수목도

진공 공업이 더듬어 온 길에 대해서 하야시(林主税) 씨는 다음과 같이 적고 있다.

'공업 이용을 목적으로 하는 진공 기술이 실질적으로 싹튼 것은 맨해튼 계획에서 나왔다고 생각된다. 거기에서 헬륨 리크 디텍터(Helium Leak Detector : 헬륨 누설 탐지기)와 대용량의 금속제 진공계가 보편화되어 금속의 할로겐화물의 진공 중에서의 생성과 포집의 노하우가 축적되었다.

1950년대는 진공에서의 처리가 철강, 티탄, 유지, 과즙에 응용되고, 또한 플라스틱이나 유리의 진공 증착 이용이 후반에 시도되었다.

1960년대 전반은 금속 재료를 중심으로 진공 장치의 대형화가 진행되었는데, 다른 한편에서는 우주 항해에 필요한 진공 기술이 미국과 소련에서 개발되었다. 후자는 아직 일반 사업이나 민생에 크게 영향을 주고 있지 않지만 가까운 장래에 중요성이 커질 것이다.

1960년 후반부터 일렉트로닉스와 반도체의 연관 산업이 대두하여, 이른바 진공 공업도 점차 본격적인 생산 수단(설비, 기술)으로서의 양상을 깊게 하여 현재에 이르렀다.

〈그림 2-4〉는 진공 기술이 관련되는 공업의 여러 분야에서의 응용을 수목에 견주어 본 것이다. 이것은 하야시(林主税) 씨의 수목도와 일본진공협회「입회의 권유」의 팸플릿에 실린 수목도를 참조하면서 1987년의 현상을 기준으로 그린 것이다.

이 그림에서 전자 공업을 중심으로 하는 가지가 최근에 굵게 성장하여 보기 좋은 가지 모양이 되어 있다. 이 가지에 열린

2. 진공 공업이 더듬어온 길   45

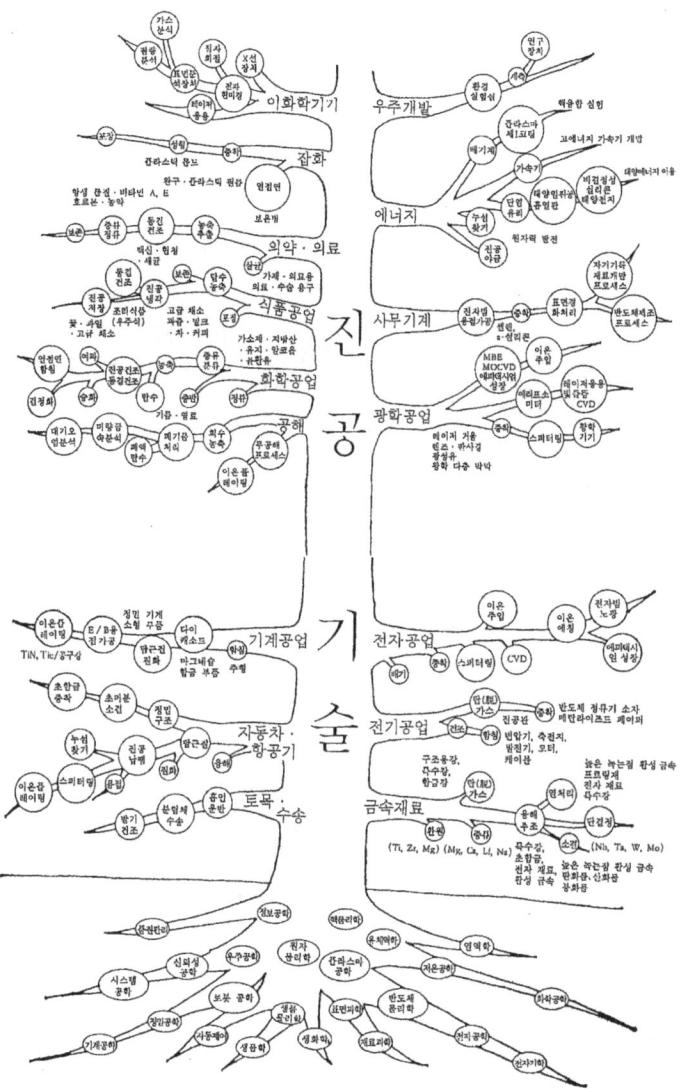

〈그림 2-4〉 진공 공업 관계 수목도

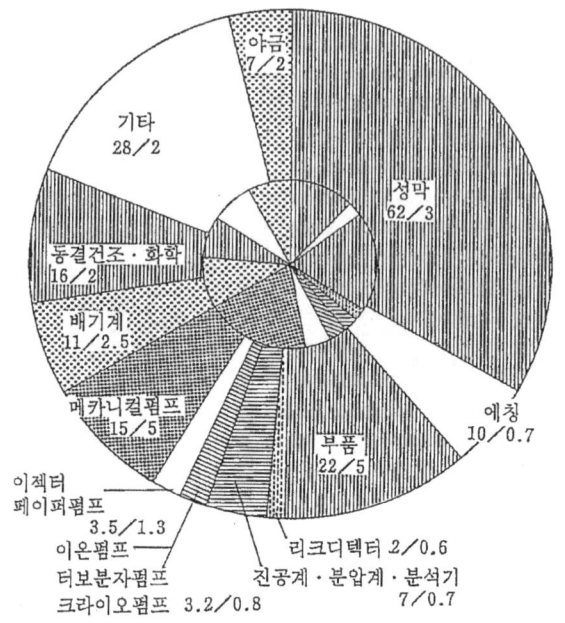

〈그림 2-5〉 1973년(1~3월기)와 1983년(1~3월기)의 상품 분야별 진공 공업계 매상 비교(단위: 억 엔)

과실을 설명하는 구체적인 예를 들자면 너무 범위가 커지므로 여기서는 생략하였다. 그 대신 3장에서 좀 더 자세히 소개한다.

진공 공업의 성장 분야

〈그림 2-5〉는 진공 협회의 공업 통계를 기준으로 하여 각 진공 응용 분야에서의 매상고의 추이를 원그래프로 한 것이다. 원의 넓이를 그 해의 매상고라고 하고 부채꼴 넓이로 그 품목 상품의 매상을 나타냈다. 1973년과 1983년을 비교해보면 신장이 두드러진 것은 성막(成膜) 분야이다. 10년간에 20배 이상의

성장을 달성하고 있다.

 1973년에는 성막 장치가 진공 야금 장치와 어깨를 나란히 할 정도의 매상이었던 것이 10년 후는 상당히 달라졌다. 그 성장의 대부분은 전자 공업 분야에서의 수요 확대와 연관되어 있다. 진공을 이용하는 성막 기술은 현재는 아주 중요한 기술이다.

 이 책에서는 앞으로 다섯 장으로 나눠서 성막 기술을 설명하려고 하는데, 먼저 3장에서는 성막 기술은 대체 무엇인가 하는 질문에 답하기로 하겠다.

3. 가장 눈부신 발전—진공을 이용한 성막 공업

진공 중에서의 성막 방법

막을 만드는 (성막) 방법으로 소개하려는 것은 진공 증착, 이온 플레이팅(Ion Plating), 스퍼터링(Sputtering), CVD(Chemical Vapor Deposition) 등이다. 익숙하지 않은 말이지만 이 장과 다음 장에서 진공 증착을, 5장에서 이온 플레이팅을, 6장에서 스퍼터링을, 9장의 일부에서 CVD를 쉽게 설명하려고 한다.

이들 네 가지 막을 만드는 방법에는 서로 조금씩 다른 방법의 작용이 받아들여지고 있다. 그 작용을 크게 나누면 다음 네 가지이다.

증발, 플라스마, 스퍼터 작용, 활성 가스·증기 도입, 그 작용과 성막 방법과의 관련은 아래의 〈표 3-1〉과 같이 된다. 검은 공은 주요한 작용이다. 흰 공은 병용하는 경우도 있다는 뜻이다. 진공 증착과 이온 플레이팅은 증발을 사용하는 점이 공통이다. CVD는 다른 세 가지와는 거의 공통점이 없지만 흰 공 작용으로 공통되어 있다.

진공 증착이란?

진공 증착의 시작은 랭뮤어의 시대까지 거슬러 올라가야 할 것이다. 처음에 전구가 진공이었을 무렵, 탄소 섬유나 텅스텐 필라멘트라도 사용하는 중에 유리관 벽이 거무스름해지는 것이 관찰되었다. 이것은 탄소나 텅스텐이 백열 필라멘트로부터 증발하여 유리벽에 증착하기 때문이었다.

〈그림 3-1〉 네 가지 성막 방법

(○ : 사용하는 경우가 있다)

	진공증착	이온 플레이팅	스퍼터링	CVD
증착	●	●		
플라스마		●	●	○
스퍼터링			●	
활성가스도입	○	○	○	●

증착이란 증발한 원자나 분자가 온도가 낮은 면에 응축(凝縮)하는 것을 뜻한다. 응축이라고 해도 액체가 될 때에는 그렇게 부르지 않는다. 고체가 되는 경우에만 한정된다.

고체이기만 하면 결정이거나 비결정질(Amorphous)이든 상관없다. 어느 쪽이 생기든 그것이 섞여 나오든 증착은 증착이다.

즉 증착(여기서는 진공 증착)에서는 반드시 증발하는 온도가 높은 곳이 있어서 거기서부터 원자·분자가 증발하는 것과, 응축하는 온도가 낮은 면이 있어서 그 곳에서 증발되어 나온 원자·분자가 응축하는 현상이 있다는 것이다.

진공 중의 증발 현상

진공 중에서 증발하는 물질에는 온도에 따라 정해진 단위 시간당 일정한 증발량이 있고서 그 증발량이 최대이다. 그때 그 물질의 증기 압력을 포화 증기압(飽和蒸氣壓)이라고 한다. 일반적으로 온도가 높을수록 포화 증기압은 높다. 그리고 그 물질에 따라 정해진 온도와 포화 증기압의 관계가 있다.

예를 들면, 물은 100℃에서 10만 파스칼(760토르)의 포화 증기압을 가진다. 7℃에서는 1000파스칼이다. 또한 금은 녹는점

1,063℃에서 10^{-3}파스칼의 포화 증기압을 가진다. 증발이 잘 되는 1파스칼의 포화 증기압이 되는 온도는 1,400℃이다. 알루미늄의 녹는점은 660℃인데, 이 온도에서의 포화 증기압은 10^{-7}파스칼로 아주 낮다. 1파스칼의 포화 증기압으로 하는 데는 1,150℃로 해야 한다.

  녹는점 이하의 고체 표면으로부터 고체 분자가 튀어나가는 것을 승화(昇華)라고 하는데, 〈그림 3-2〉의 1과 같이 주위에 다른 분자가 없는 고립 분자가 가장 튀어나가기 쉽다. 2와 같이 가장자리에 있는 분자가 그 다음에 튀어나가기 쉽고, 3과 같이 주위에 다른 분자가 차 있는 곳으로부터는 튀어나가기 어렵다. 승화의 숨은열이란 이 고체 속박을 벗어나서 분자가 진공 공간으로 튀어나가기 위한 에너지이다. 증발인 경우는 액체상으로부터 분자가 튀어나가기 위한 에너지이다.

  온도가 높아지면 튀어나가기 위한 에너지는 변함이 없지만 튀어나가는 분자 수가 많아진다.

  포화 증기압은 어느 일정한 온도로 유지된 진공 용기 속에서 증발(또는 승화)되고 있는 분자 수와 진공 공간 속으로 튀어나간 분자 중에서 표면으로 되돌아오는 수가 마침 균형이 되었을 때 증기가 나타내는 압력을 말한다.

  진공 중의 증발에서 또 하나 중요한 것은 증발면에서 튀어나간 분자는 빛과 같이 곧바로 날아간다는 것이다. 도중에 부딪치는 것이 없으면 곧바로 날아간다. 이것을 증발 분자의 직진성(直進性)이라고 한다. 도중에 충돌하는 것이 있는지 없는지는 증발면에 놓인 진공 용기 속에 남아 있는 기체 압력으로 결정된다. 남아 있는 기체의 평균 자유 행정(어떤 압력에서 기체 분자

물질의 온도와 포화 증기압

어느 온도에서 포화 증기압이 얼마인가를 아는 데는 이과 연표(理科年表)나 금속 편람(金屬便覽), 화학 편람 등을 보아야 하는데, 모든 물질에 대해서 다음과 같은 공통된 관계가 있다. 즉, 편로그 모눈 종이의 로그자 쪽에 증기압을 잡고, 직선자 쪽에 절대 온도의 역수를 잡으면 오른쪽으로 처지는 직선이 된다는 성질이다. 그리고 그 직선의 경사 물매를 결정하는 것이 증발의 숨은열이다. 로그자를 자연 로그로 취하면 물매는 숨은열 EL을 기체 상수 R로 나눈 것이 된다. 즉 녹는점이 되는 곳에서 꺾인 두 개의 직선이 된다(〈그림 3-3〉 참조). 여기서 기체 상수 R이란 기체의 보일-샤를 법칙에 나오는 기체 상수와 같은 것이다[R=8.31441줄/(켈빈·몰)]

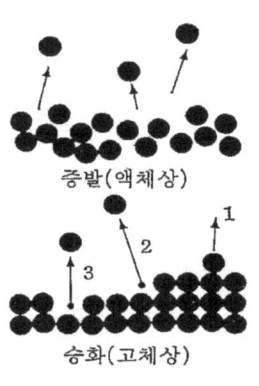

〈그림 3-2〉 승화와 증발

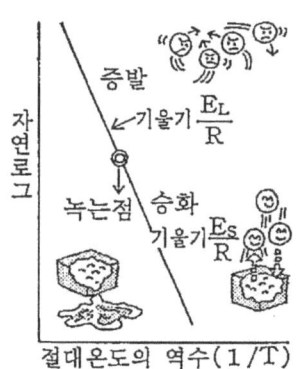

〈그림 3-3〉 포화 수증기 압력과 온도의 관계

한 개가 다른 기체 분자와 충돌하고 나서 다음의 다른 기체 분자와 충돌하기까지 운동하는 평균 거리)이 증발면에서 응축면까지의 거리에 비해서 충분히 길면 증발분자는 도중에 기체 분자에 충돌하지 않는다. 1파스칼의 공기의 평균 자유 행정은 6.5㎜이므로 10^{-2}파스칼의 압력으로 65㎝ 이하의 거리라면 증발 분자는 곧바로 날아간다.

기판 상에의 증착

진공 증착은 영어 'vacuum vapour deposition'의 번역이다. 진공 증발으로 증발한 물질을 기판(基板) 위에 퇴적시키는 것을 뜻한다.

여기서, deposition의 역어가 학술 용어집 화학 편에는 '석출'로 나와 있는데, 진공을 연구하는 사람들은 보통 '증착'이라고 한다. 또 하나 '기판'은 substrate의 역어인데 '바탕'이라고 부르는 일도 있다. 바탕은 도금이나 칠기(漆器)에서 쓰이는 말이기도 하므로 낯설지 않다. 기판이라는 말을 쓰는 것은 실리콘 웨이퍼나 유리판을 바탕으로 증착하고 있는 일렉트로닉스 관계 사람들이다.

아무튼 진공 증착은 다음과 같이 한다.

먼저 평균 자유 행정이 증발면에서 응축면까지의 거리에 비해서 충분히 길어지도록 진공 용기 속의 기체 압력을 충분히 낮게 한다.

진공 용기 속에는 미리 증발원과 그것에 맞댄 위치에 증착하는 바탕을 놓아둔다. 그리고 진공 용기 속의 기체 압력이 앞에서 얘기한 값에 이르면 증발원을 가열한다. 적당한 포화 증기

3. 가장 눈부신 발—진공을 이용한 성막 공업   53

압이 되는 온도에 도달하면 증발원에서 증발 물질의 분자가 증발하여 주위벽으로 직진한다. 그 중 바탕에 부딪친 분자가 바탕 표면에서 응축하여 퇴적한다. 주위 벽으로 간 분자는 물론 거기에 퇴적한다.

그런데 진공 증착으로 막을 만들려고 할 때, 바탕의 표면 상태 때문에 건전한 막을 얻지 못할 때가 있다. 가장 많이 볼 수 있는 것이 수분이 있는 바탕이고, 기름으로 더럽혀진 표면이다. 물과 기름은 진공 증착에는 금물이다.

전후에 일찍부터 진공 증착이 실용에 쓰이게 된 것은 안경 렌즈나 카메라 렌즈의 코팅이었다. 유리 표면에서의 반사를 줄이기 위한 플루오르화마그네슘의 증착이 많이 시행되었다. 이 때, 렌즈의 전처리(前處理)가 나쁘면 막이 쉽게 벗겨졌다. 또한 손가락으로 만진 곳이 있으면 지문 자국이 뚜렷이 남았다. 원인은 유리의 수분을 완전히 없애지 않았기 때문이고, 지문 쪽은 표면에 지방이 묻었기 때문이라는 것이 밝혀졌다.

렌즈 관계의 증착 전 클리닝에는 기름때를 깨끗한 무명에 알코올을 묻혀서 닦아내는 것과 유리 표면의 수분을 제거하기 위해 진공 중에서 200℃로 가열하는 것이 좋은 해결 수단이 되었다.

이 바탕 표면을 깨끗하게 하는 일은 증착에서는 큰 문제이며, 그것이 잘 되어 있지 않으면 좋은 박막(薄膜)을 얻을 수 없을 만큼 치명적인 것이었다. 더욱이, 해결책은 개개의 케이스에 따라 달라서 하나하나 문제를 해결해가야 했다.

그리고 바탕 표면의 더러움은 겨우 1분자 층의 더러움이라도 결정적으로 영향을 주는 까다로운 것이었다. 1분자 층이란 기

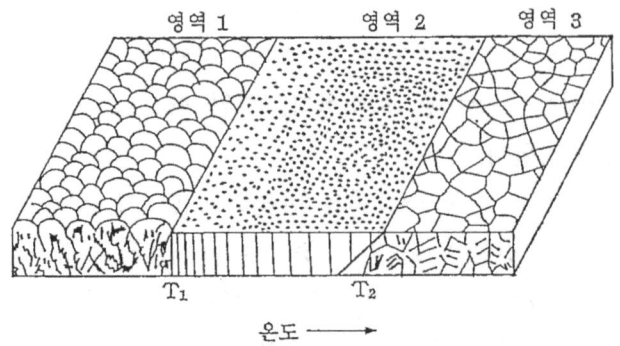

〈그림 3-4〉 모프찬·반셔의 후막 구조도
(B.A Movchan and A.V Demchishin,Fi z, Metal. Metalloved.)

름이든 물이든 그 분자가 1열만 바탕 표면에 얹힌 것을 뜻한다. 아주 미량의 더러움이다.

진공 증착한 막은 어떤 형태로 바탕에 퇴적하는가?

바탕의 온도에 따라서 다음 세 가지 구조를 가진다는 것이 알려져 있다.

(1) 바탕 온도가 가장 낮은 곳에서 증착막은 비결정질이다. 다소 높아지면 미결정(微結晶)이 생기는데, 막구조는 바삭바삭하고 밀도가 낮은 것이 된다. 증착막 표면은 미시적으로 보면 바삭바삭한 거품과자처럼 보인다.

(2) 어떤 임계 온도 T_1을 넘으면 증착막은 치밀한 막으로 된다. 그리고 미시적인 기둥 모양의 구조를 가지게 된다. 기둥 굵기는 온도가 높아짐에 따라 굵어진다. 또한 막 표면은 미시적으로 보아 매끄럽고, 바탕의 오목볼록함을 충실하게 재현하고 있다. 막구조는 다결정(多結晶)인데, 그 결정 하나하나는 기둥과 같이 한 방향으로 가지런히 되기 쉬운 특징을 가지고 있다.

(3) 다른 임계 온도 T_2를 넘으면 증착막은 거칠고 큰 결정 알갱이로 만들어지게 되고 구조도 수지상 조직(樹枝狀組織)이라고 부르는 것이 된다.

그 특징적인 임계 온도 T_1과 T_2는 금속 증착막인 경우에 각각 녹는점을 절대 온도로 나타냈을 때, 약 25% 및 50%가 되는 곳에 나타나는 것이 많은 금속에서 알려졌다.

산화막에서 대해서도 같은 관계가 성립된다.

증착막의 특수한 경우에 속하는 중요한 케이스가 또 하나 있다.

그것은 단결정 기판 위에 어떤 증착 조건에서 같은 결정 방향으로 가지런히 된 단결정막이 성장된다는 것이다. 이것을 에피택시얼 성장(Epitaxial 成長)이라고 부른다.

이 책의 9장에서 분자선 에피택시얼 성장에 대해서 소개하겠지만, 이 기술은 진공 증착의 한 방법이다.

플라스틱에의 증착

앞 절에서 유리 바탕에 증착할 수 있다고 했다. 그리고 증착하는 것은 플루오르화마그네슘이라는 플루오르화물이다. 열로 파괴되지 않는 산화물(酸化物)도 증착할 수 있다. 예를 들면 산화규소는 플루오르화마그네슘보다도 튼튼한 증착막이 얻어지므로, 유리 렌즈의 반사 방지 코팅에 널리 쓰이게 되었다.

진공 증착의 큰 특징 중에는 바탕이 절연물이어도 상관없는 점이나 증발 재료가 금속이 아니어도 상관없는 점이 있다. 그것은 종래의 습식 도금에는 없는 특징으로서 전후에 일찍부터 주목되어 왔다.

플라스틱의 증착은 그 특징을 유감없이 발휘하고 있다. 플라

〈그림 3-5〉 습식 도금과 진공 증착

	습식도금	진공증착
처리분위기	화학 약액	진공
석출(증발)원	금속전극면에서의 반응 (액온)	금속, 반도체, 절연물의 증착
기판(온도)	금속(액온)	금속, 절연물 (독립적으로 가변)
부착도	그늘이나 구멍 속에 비교적 잘 붙는다	그늘 부분은 붙지 않는다. 치구 회전이 필요

스틱 성형품에 알루미늄을 증착한 장식품 잡화가 전후에 많이 수출된 시기가 있었다. 지금은 그런 잡화는 타이완, 홍콩, 싱가포르, 그 밖의 동남아시아의 수출 품목이 되어버렸지만 한때는 일본에서도 성행되었다.

플라스틱 성형품 그대로는 몰드(성형용의 금형)의 표면의 거칠어짐이 나타나기 때문에 광택을 내기 위해서도 바탕 래커를 칠한다. 그 위에 알루미늄을 증착한다. 그 다음에 증착막의 보호와 색칠을 겸해서 옷칠 래커를 칠한다. 그렇게 하면 옷칠의 래커가 투명 래커라면 은색으로, 황색 래커라면 금색으로 보인다. 그 밖의 적색이나 청색 같은 여러 가지 색을 투명 래커에 섞어서 다채롭고도 금속광택이 있는 아름다운 외관을 만들어낼 수 있다. 이렇게 하여 금속광택이 있는 플라스틱 장식품 잡화가 생산되었다. 현재에도 이 기술은 산업계에 깊이 침투되어 있다. 예를 들면 자동차의 내장·외장 부품에서 광택 나는 크롬 도금 부품의 어떤 것은 예전에는 금속 제품이 그 소재였는데, 지금은 엔지니어링 플라스틱이 소재가 되고, 그 위에 크롬이 증착되고 있다.

3. 가장 눈부신 발—진공을 이용한 성막 공업   57

   증발된 분자는 진공 중에서는 빛과 같이 곧게 나아간다는 것은 앞에서 얘기했다. 그러므로 증발원에서 그늘이 되는 부분에는 증착막이 붙지 않는다. 성형품과 같이 전면에 붙게 하기 위해서는 증착하고 싶은 물건을 골고루 증발원에 드러나게 회전시킨다.
   〈그림 3-5〉는 보토의 습식 도금과 진공 증착을 비교한 것이다.

증발원
   진공 증착의 증발원으로 보통 사용되는 것이 세 종류가 있다.
   (ㄱ) 저항 가열식
   (ㄴ) 유도 가열식
   (ㄷ) 전자 빔 가열식
   저항 가열식으로 가장 단순한 것은 텅스텐 필라멘트에 증발시키려는 금속박(金屬箔)을 얹고 필라멘트를 고온으로 가열하는 것이다. 필라멘트에 직접 대전류를 흐르게 하는 것으로, 알루미늄이나 금, 은, 구리, 니켈 등 소량의 증발에 쓰이고 있다.
   알갱이 모양의 것을 증발시키는 데는 텅스텐이나 몰리브덴으로 만든 보트(길쭉하고 얇은 판 중앙 부분을 보토와 같은 모양으로 오그라지게 한 증발원)가 사용되고 있다. 금속, 플루오르화물, 산화물, 알갱이 모양으로 한 증발물도 보트에 얹고 증발시킨다. 크롬은 고체에서 승화시키는데 보트를 사용하여 증발시킬 수도 있다.
   필라멘트로부터 증발시키는 것과 보트로부터 증발시키는 것의 큰 차이는 증기 분자가 날아가는 방향과 밀도 분포이다.

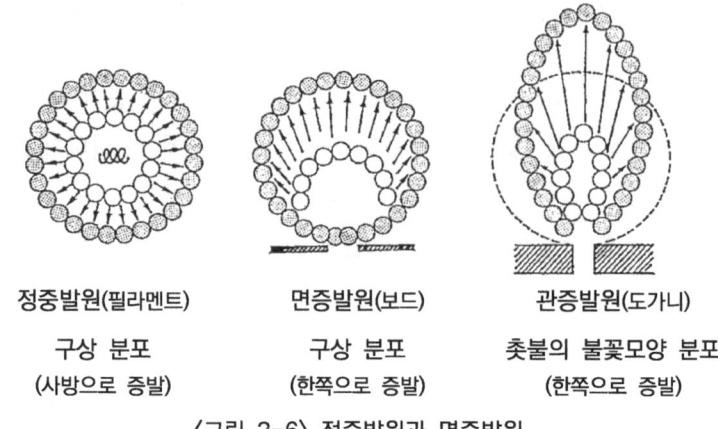

정중발원(필라멘트)	면증발원(보트)	관증발원(도가니)
구상 분포	구상 분포	촛불의 불꽃모양 분포
(사방으로 증발)	(한쪽으로 증발)	(한쪽으로 증발)

〈그림 3-6〉 점증발원과 면증발원

〈그림 3-6〉과 같이 필라멘트인 경우는 필라멘트의 중앙에 있는 점증발원으로부터 사방팔방으로 날아간다. 증기의 공간 밀도 분포는 점증발원을 중심으로 하는 공 모양이 된다.

반면 보트로부터 증발은 상반분 만큼의 방향으로 날아간다. 공간 밀도 분포는 마치 보트 위에 '공'을 얹는 것처럼 된다.

공간 밀도 분포 얘기가 나온 김에 아가리가 있는 도가니로부터 증발하는 경우에 대해서 얘기하겠다.

보트인 경우 공 모양의 분포는 아가리 부분의 두께가 두꺼워지면 촛불의 불꽃과 같은 모양으로 변형된다. 넓은 아가리인 도가니의 경우라도 액면(液面)으로부터 윗부분은 속에서 뿜어 나오는 증기에 대해서 촛불 모양의 분포를 만드는 구실을 한다. 8장에서 얘기하는 분자선원(分子線源) 등은 이렇게 하여 방향성을 가진 촛불 모양의 증발 분자 빔을 얻고 있다.

공업용의 대량 증발원에는 필라멘트나 보트를 쓰지 않는다. 그 대신 유도 가열식 증발원을 저항식보다 더 대량으로 증발시

3. 가장 눈부신 발—진공을 이용한 성막 공업   59

킬 때에 사용한다. 이 증발원은 코일에 고주파 전류를 흐르게 하여 도가니 속에 들어 있는 금속을 유도 전류로 직접 가열하는 방식의 증발원이다. 각각의 금속, 도가니 코일 모양 등에 따라서 적절한 주파수가 달라지므로 간단하게 사용할 수는 없다. 하지만 도가니 바깥쪽으로부터 가열하는 것과는 달라서 자기 자신이 발열하므로 능률이 좋은 것, 융해한 뒤 녹은 금속[이것을 탕(湯)이라고 부른다]이 대류(對流)를 일으켜서 탕온(湯溫)을 균일하게 하는 것, 탕 속의 가스를 뽑기 쉽게 된다는 따위의 이점이 있다.

이 유도 가열식의 증발원은 알루미늄이나 자기성(磁氣性) 합금의 증발원으로 널리 공업적으로 사용되고 있다.

전자 빔 증발원이라는 것은 전자총(電子銃)에서 꺼낸 고전압의 전자 빔을 증발 접시에 투입하여 접시 속에 넣은 금속이나 반도체나 절연물 등을 고온으로 가열하여 증발시키는 것이다.

전자 빔 가열의 최대 특징은 투입 전력만 크게 할 수 있으면 다른 방법으로 할 수 없는 높은 녹는점을 가진 금속이나 화합물이라도 증발시킬 수 있으므로, 증발 중인 증기를 주변의 가열 부분으로부터의 방출 가스로 더럽히는 일은 없다. 찬 증발 접시로부터 단번에 날아갈 수 있다는 것은 지금 얘기한 전자 빔이 특기이다. 물론 같은 일은 레이저 가열이나 이온빔 가열이라도 가능하지만, 현재로서는 공업적으로 전자 빔만이 사용되고 있다.

진공 증착은 전자 공업과 더불어

3장에서 진공 증착이 전후에 안경이나 카메라 렌즈의 코팅으로 먼저 광학 분야에 응용이 되었고, 그것과 병행하여 플라스틱의 성형품에 금속광택을 내는 코팅에 사용되었다는 것을 얘기했다. 더 공업적인 규모로 사용된 것은 다음 장에서 얘기하는 감기 증착일 것이다. 이것은 현재 메탈라이즈드 페이퍼 콘덴서나 금은지(金銀紙) 등의 응용에서 시작하여 메탈테이프에 이르기까지 넓은 응용을 가지고 있다.

그러나 진공 증착을 비롯한 성막 기술(成膜技術)을 공업으로 인식하게 된 것은 무엇보다도 반도체 공업, 특히 LSI 공업에 없어서는 안 되는 것으로 간주된 뒤의 일이었다.

트랜지스터, 개별의 저항이나 콘덴서를 접속하는 구리선이나 납땜 대신 유리나 세라믹스 판 위에 그것들을 잇는 배선을 증착막을 써서 일체화하는 집적회로의 시대가 60년대 후반(1965~1974)에 와서 먼저 시작한다. 이어 한 장의 실리콘 기판 위에 다수의 다이오드, 트랜지스터, 저항, 콘덴서를 형성하고, 다시 그들 소자간의 상호 배선을 하는 반도체 IC 시대가 되었다. 그 단계에서 박막 기술은 전자 공업에서는 없어서는 안 되는 열쇠가 되는 기술(Key Technology)이 되었다. 그리고 진공 증착이 그 기술의 중심 자리를 차지하고 있었다. 그 집적 정도가 해마다 늘어나서 LSI(대규모 집적 회로)가 되고, 다시 초LSI가 현실적인 것이 된 오늘날 성막 방법은 진공 증착에서 6장에서 얘기하는 스퍼터링으로 추이되어 가는 경향이 있는데, 이것을 통틀어 묶은 진공을 이용한 성막 기술은 더욱 더 중요도가 높아지고 있다.

4. 감기 증착

메탈라이즈드 페이퍼 콘덴서

2차 세계대전 이전은 궐련 포장에 은종이(사실은 주석박)와 얇은 종이를 겹쳐서 쓰고 있었다. 주석은 나중에 알루미늄으로 바뀌었는데, 어쨌든 금속의 아주 얇은 박을 사용했다. 페이퍼 콘덴서도 맨 처음에는 얇은 종이와 금속박을 겹쳐서 휴지처럼 빙글빙글 감아 그것을 납작하게 한 모양이었다.

옛날 라디오에는 기름종이와 금속박으로 만든 이것이 반드시 들어 있었으므로 이를 기억하는 사람도 있을 것이다.

전쟁 중에 전기 회사의 연구실에서는 금속박 대신에 종이 위에 직접 금속을 코팅하여 페이퍼 콘덴서를 만드는 연구를 하고 있었다. 진공 증착은 그 가장 유력한 수단이었다. 종이를 금속화한 콘덴서라는 의미에서 메탈라이즈드 페이퍼 콘덴서, 또는 머리글자를 따서 MP콘덴서라고 불렀다.

이것이 감기 증착의 시작이다.

전열성을 좋게 하기 위해서 래커를 바른 얇은 두루마리를 콘덴서 페이퍼로 썼다. 그 위에 진공 증착하는 금속은 아연이었다.

왜 아연이었을까? 아마도 진공 중에서 사용하는 도가니 문제 때문이었을 것이다. 또 이것이 가장 증착하기 쉬웠기 때문이라고 생각된다.

아연의 증발 온도는 350℃ 정도이다. 바탕 온도가 200℃이면 포화 증기 압력이 10^{-4}파스칼이므로 충분히 바탕에 응축할 것이다.

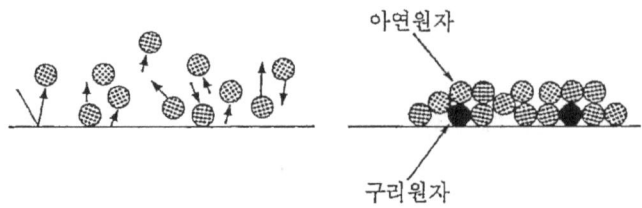

| 아연 원자만으로는 종이 위에 퇴적하지 않는다 | 종이 위에 퇴적한 구리 원자가 씨앗붙이기 구실을 하여 아연 원자를 그 위에 퇴적시킨다 |

〈그림 4-1〉 페이퍼 콘덴서의 아연 증착과 구리의 씨앗 붙이기

실제로는 더 낮은 온도라도 응축하지 않았다. 이에 대해서 같은 진공 용기 속에서 아연을 증착하기 직전에 페이퍼 콘덴서에 아주 조금 구리를 증착시키니 이번에는 아연이 잘 증착하는 것이 밝혀졌다. 필요한 구리 증착막 두께는 10nm 이하로 충분했다. nm라는 길이(1nm=10억분의 1m)는 원자 척도에 가까운 단위이다. 1nm는 구리 원자 3개분의 길이므로 10nm는 구리 원자를 두께 방향으로 30개쯤 늘어놓은 정도가 된다. 물론, 사람 눈으로는 보이지 않는 두께이다.

이 현상을 통해서 확실하게 알게 된 것은 (1) 구리가 종이 위에 핵을 만든다는 것 (2) 아연은 그 핵 주위에 응축하는 것 (3) 핵이 없으면 실온(室溫) 이상의 바탕 온도로는 아연은 종이 위에 응축되지 않는다는 것이었다.

초기의 MP콘덴서용의 감기 증착 장치는 씨심기용의 구리의 증발원과 아연 증발원의 두 가지가 달려 있었다.

증발원으로부터 알루미늄을 증발시키도록 변한 것은 아주 뒷날의 일이었다. 알루미늄은 진공 증착에서 응용 범위가 넓지만 증발이 아주 어렵다. 1200℃의 녹은 탕(전문가는 금속을 녹인 액을 탕이라고 한다)을 장시간 안정되게 넣어 둘 수 있는 도가니가 없다. 또한 일단 알루미늄의 도가니 온도를 낮추어 다시 증발 온도인 1200℃까지 가져가면 도가니 벽에 스며든 알루미늄이 벽에 가는 균열을 만들어 내고 그것이 팽창하여 크게 갈라져 버린다. 그 결과 알루미늄이 도가니를 뚫고 세어버리는 것이 큰 문제였다. 또 하나로 녹은 알루미늄이 도가니 벽을 기어 올라가서 바깥쪽으로 넘쳐흐른다는 현상도 곤란한 일이었다.

압지(押紙)에 잉크가 빨려 올라가는 것과 같은 원리가 알루미늄과 도가니 벽 사이에 작용한다. 하나는 알루미늄 용액의 표면 장력(表面張力)이 작아져서 벽과의 접촉각이 작아지는 것, 즉 젖어지기 쉽게 되는 것과, 다른 하나는 모세관 현상(毛細管現象)이다.

밀도가 높은 흑연을 도가니로 기술적으로 사용함으로써 감기 증착에 알루미늄을 사용할 수 있게 되었다.

〈그림 4-2〉는 알루미늄 증발원을 가진 감기 증착 장치의 약도이다. 진공 용기의 아래쪽에 증발원이 들어 있다. 위쪽은 감기계이다. 진공 중에는 회전하는 많은 롤러가 있다. 원료 필름을 장착하는 송출 롤러와 증착된 필름을 감아내는 감기 롤러가 서로 상대하는 위치에 있다. 가운데에 있는 굵은 롤러는 증발원의 바로 위에 있다. 증착하는 금속이 토하는 열과 고온 용액으로부터의 복사열로 필름은 가열된다. 이 롤러는 필름의 필요 없는 온도 상승을 막는 목적으로 프레온 냉동기(Freon 冷凍機)로 낮은 온도로 냉각되어 있다. 롤러나 필름과 함께 동기되어

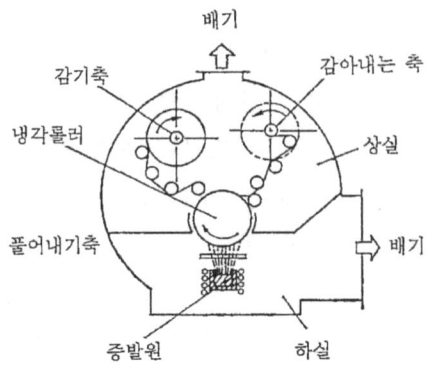

〈그림 4-2〉 감기 증착 장치

고속으로 돌면서 필름을 냉각시킨다.

　감기 증착 장치의 기본적 구성은 장치가 크든 작든 같고, 모두 이렇게 되어 있다.

금은지의 소재로서…

　금은지 소재로서 진공 증착한 필름을 사용하게 된 것은 1953년 무렵이었다.

　그 무렵부터 마일러(Mylar : 뒤퐁사의 상품)라는 필름을 일본에서도 입수할 수 있게 되었다. 이 뛰어난 필름 덕분에 감기 증착은 단숨에 공업화되었다. 뛰어난 투명성, 뛰어난 유연성, 인장 강도, 뛰어난 염색성(染色性), 고품질의 장척(長尺) 필름을 얻을 수 있는 등 그때까지 감기 증착에 따라다니던 필름 소재의 어려움이 거짓말처럼 해결되었다.

　교토(京都)의 실 도매상에서 판매되기 시작한 이 마일러 필름을 소재로 하는 금은지는 새로 부흥한 극장의 장막이나 무대

의상, 또는 젊은 여성의 나들이옷 자수에 현란하게 쓰였다. 이것은 전쟁이 끝나서 평화로운 시대가 왔다는 것을 사람들이 실감하 는 데 도움이 되지 않았을까.

감기 증착으로 만든 필름을 메탈라이즈드 필름, 약칭으로 MF라고 한다. 금은지에서 성공한 뒤 그 응용은 차례차례로 열렸다.

전사 실 그 밖의 응용이 넓어지다

응용에서 흥미로운 것은 전사 실(轉寫 Seal)이다. 전사 실이란 종이에 만화주인공이나 레터링(Lettering) 글자 등이 인쇄되어 있는 것을 뒤집어서 다른 종이나 책받침, 필통 위에 놓고 위로부터 문질러서 박아내는 어린 시절의 추억이 담긴 실이다. 다른 응용 사례에서는 모두 필름과 증착막의 밀착성이 좋아야 하는데, 이 경우에는 전사 때에 필름에서 잘 벗겨지지 않으면 안된다. 필름과 알루미늄 막이 잘 벗겨지게 하기 위한 좋은 언더코트(Under Coat)가 발견되어 감기 증착제의 전사 실이 인쇄, 제책 분야에서 사용되었다. 물론 여기서 사용되는 전사 실은 만화가 인쇄된 것이 아니고 금박을 찍기 위한 목적에 쓰이는 것이 그 용도이다.

〈그림 4-3〉은 감기 증착이 진전되는 과정을 보인 그림이다.

메탈라이즈드 필름은 방습용(防濕用) 포장지나 포장 식품, 의약품의 포장용 용기 등에 쓰이고, 또한 메탈라이즈드 필름에 오목볼록하게 가공을 하여 저온의 열절연용 소재로도 사용하게 되었다. 냉장고, 주택, 우주선의 단열재(斷熱材), 소방사(消防士) 옷, 우주유영복(宇宙遊泳服) 등에도 쓰고 있는 것을 알고 있는가?

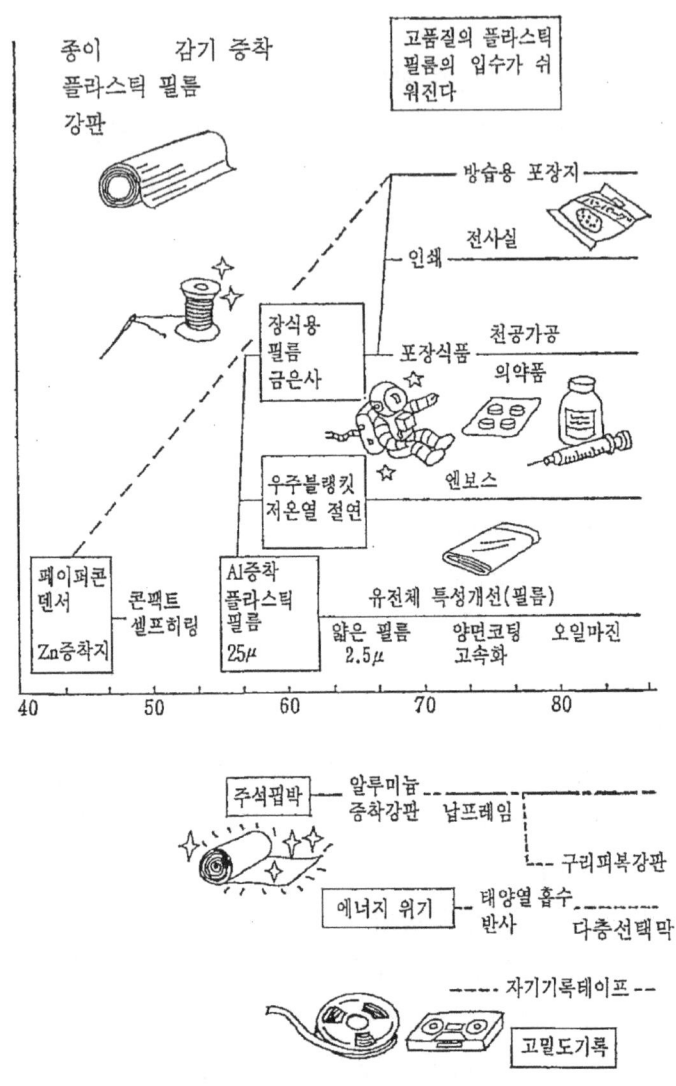

〈그림 4-3〉 감기 증착의 진전
(C. Hayashi, Proc. 7th Intern. Conf. Vac. Metallurg, 1982 Tokyo에서)

1984년 로스앤젤레스 올림픽에서 여자 마라톤 우승자 베노이트 선수는 알루미늄 진공 증착한 운동복을 입었다. 이것으로 직사 일광을 받은 운동복 내부의 온도 상승을 억제하고 쾌적성을 유지할 수 있었다고 한다.

메탈라이즈드 페이퍼 콘덴서도 마일러를 베이스로 하여 그 위에 알루미늄을 증착하는 것으로 어느새 바뀌었다. MP가 아니고 MF콘덴서라고 해야 했다.

이 분야에서의 혁신은 필름의 두께와 너비에서 일어나고 있다. 초기 필름 두께는 25μ이었는데, 12.5 다음에는 8, 그 다음에는 5μ으로 진보하고 2.5μ까지 이르렀다. 진공 중의 감기계에 더욱 더 고도의 기술이 요구되었다. 필름 너비도 처음에는 넓어야 50㎝이었는데 지금은 2m의 필름을 다루어야 한다.

콘덴서인 경우, 두 귀에 증착하지 않은 너비 몇㎜인가의 부분이 필요하다. 그림 속에 오일 마진이라고 있는 것은 너비가 넓은 필름에서 이 증착되지 않은 부분을 만들기 위한 고안이다. 진공 중에서 증착 직전의 필름에 증착되어서는 안 되는 곳에만 기름을 바른다. 그렇게 하면 기름이 묻은 곳에만 알루미늄 증착막이 붙지 않는다. 원리적으로는 이렇게 한다.

태양열 선택 반사·흡수막

감기 증착에서 장식용으로 사용하는 메탈라이즈드 필름의 알루미늄 증착막 두께는 50㎚(0.05μ) 정도이다. 완성된 필름을 형광등에 비춰보면 형광등이 비칠 만큼 얇다. 몇 년 새에 자동차 액세서리를 파는 가게에서 여름 볕을 막기 위한 반투명의 메탈라이즈드 필름을 볼 수 있게 되었다.

이 반투명 메탈라이즈드 필름을 차의 정면 창유리의 위쪽 4분의 1만큼 바르거나, 후면 창유리, 측면의 창유리에 바른 것을 여름에 보았을 것이다. 또한 독자 스스로도 자기 차에 바른 경험도 있을 것이다.

또한 여름 햇살을 피하려고 창유리용 인스턴트 반투명 메탈라이즈드 필름을 사서 남향이나 서향의 창유리에 바른 일은 없는가?

그 필름은 감기 증착으로 만들어지며 두께 20~30㎜의 알루미늄 증착막을 사용하고 있다.

태양광 반사를 위한 좋은 필름 조건은 가시광선을 될 수 있는 대로 많이 통하게 하고 열선(熱線)은 차단하는 것이다. 열선은 파장이 가시광선에 비해서 길기 때문에 적당한 파장에서 커트해 주면 된다. 현재 시판되는 것은 파장의 기준을 2μ에 두고 커트하고 있다. 이 2μ 이상의 파장 커트는 어느 필름에서나 태양열 차단용에서는 실현되고 있다. 문제는 어느 정도 빛을 통하는가이다. 막의 재질(材質), 두께 따위에 따라서 가시광선의 몇 십%를 통과시키는가를 알게 된다.

산화크롬 등이 이 목적을 위해서 흔히 사용되고 있다. 그러나 투과율(透過率)은 70% 정도일 것이다. 투과 효율이 더 좋은 것은 단일 금속막이나 산화물막으로는 무리다. 그 요구에 답하는 것은 다층 선택막(多層選擇膜)이다.

굴절률이 다른 광학막(光學膜)을 다층으로 겹쳐서 요구에 꼭 맞는 선택막을 만든다.

AMA코팅이란 산화알루미늄층 사이에 산화 몰리브덴을 샌드위치처럼 끼운 것이며, 블랙 크롬 코팅(Black Chrome Coating)

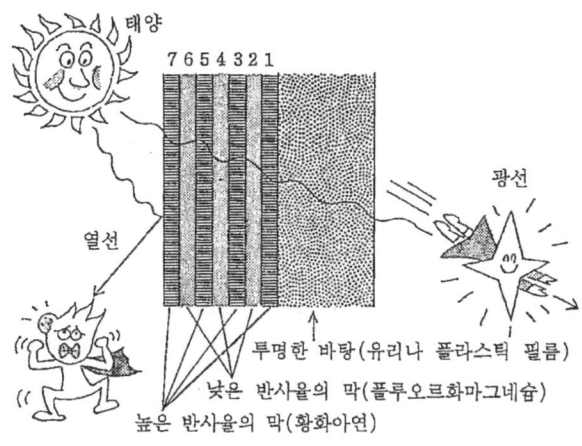

〈그림 4-4〉 태양열 선택 반사 흡수 다층막

은 금속 크롬과 크롬 산화물의 불균질한 혼합막이다. 불균질이라는 뜻은 이 경우에 막 두께 방향으로 금속과 산화물의 혼합 비율이 다르다는 뜻이다.

〈그림 4-4〉는 그런 다층막의 한 예시다. 5층이나 7층이나 플루오르화물·황화물을 증착하기 때문에 감기 증착을 몇 번이나 하게 되어 품도 많이 들고 값도 비싸진다. 그러나 이런 대단한 막도 만들어지고 있다.

비결정성 실리콘 태양 전지는 탁상 계산기나 전자시계 부품으로 조립되어 있어서 아주 친근한 것이 되었다. 이것은 아직 유리판 기판에 조립되고 있는데 플라스틱 필름으로 안 될 기술적인 이유는 없다. 마찬가지로 탁상 계산기의 액정패널(液晶 Panel)도 필름 위에 만들 수 있게 될 것이다.

미래 얘기가 아니고 자기 기록 테이프는 벌써 감기 증착 제품이 나오기 시작하고 있다. 이 얘기를 다음에 하겠다.

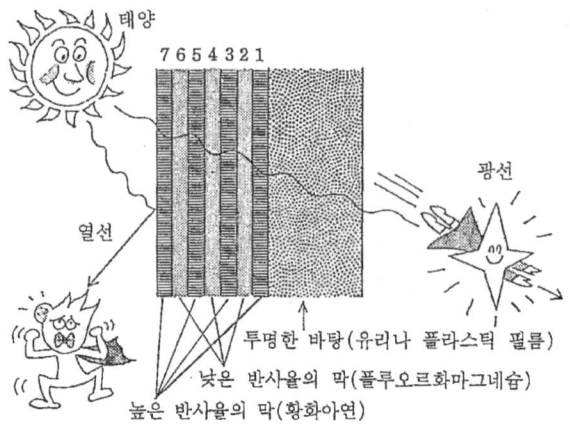

〈그림 4-4〉 태양열 선택 반사 흡수 다층막

고밀도 자기 기록 테이프

자기 테이프에는 오디오 테이프와 비디오테이프가 있다는 것은 다 아는 일인데, 오디오 테이프 중에서 메탈 테이프라고 부르는 것 가운데 감기 증착 제품이 있다. '증착 테이프'이다.

원래 종래의 오디오 테이프 재료의 주류는 감마산화제이철이었다. 거기에 산화크롬 테이프나 코발트를 감마산화제이철에 첨가한 것 등이 사용되었다. 이들 산화물의 가는 가루를 플라스틱 표면에 발라서 만든 테이프이다.

산화물의 자성재료(滋性材料)에 비하면 순철, 코발트-철, 코발트-니켈, 코발트-인 등의 금속이나 합금 쪽이 자기 특성이 뛰어나다. 그러므로 이러한 자성 합금의 초미분(超微粉)을 플라스틱 필름에 발라 만든 것이 메탈 테이프이다.

미분의 입자 지름이 가늘수록 뛰어난 자기 기록 특성이 얻어지므로, 최근에는 초미분을 사용하고 있다. 초미분의 입자 지름은 가령 20㎜(원자를 70개쯤 배열한 길이) 정도이다.

이러한 초미분은 금속 덩어리를 기계적으로 부수어 만들 수는 없다.

좋은 진공이 된 곳에 아르곤과 같은 희유기체를 채우고 그 속에서 천천히 선향(線香)을 태우는 것 같은 느낌으로 연기를 피운다. 그 연기의 검댕에 해당하는 것을 그러모으면 초미분이 만들어진다. 너무 가늘어서 하나하나의 초미분이 뿔뿔이 흩어지지 못하고 염주처럼 또는 크리스마스의 장식 전구처럼 이어질 정도이다.

그래서 초미분을 바르는 대신에 자성합금(滋性合金)을 진공 증착하면 더 고밀도의 기록 재료를 만들 수 있지 않을까 생각하는 것은 당연하다.

1983년 5월에 N사에서 증착테이프로서 음악용의 하이파이 테이프(Hi-Fi Tape)를 판매하기 시작하였다.

그 넓은 주파수 레인지와 다이내믹 레인지는 아주 뛰어나지만, 아직 녹음 재생 헤드의 그것에 대응할 수 있는 카세트 덱 보급이 충분하지 않으므로 테이프 쪽도 그에 따라서 보급하기까지는 시간이 걸릴 것이다.

증착 테이프의 감기 증착에 특징이 되는 것이 하나 있다. 그것은 보통 증착과 뚜렷하게 다른 것이며, 더욱이 증착 본질을 잘 이해하는 데 쓸모 있을 것이므로 그것을 여기서 해설하겠다.

다소 전문적이 되지만, 자기 기록(磁氣記錄)은 테이프 위의 자성체가 작은 자석이 되는 것으로 완성된다. 그것을 자기 구역(磁氣區域)이라고 부르는데, 그 자기 구역을 테이프 위에 잘 만들기 위해서는 보통 증착과 같이 필름에 수직 방향으로 증발

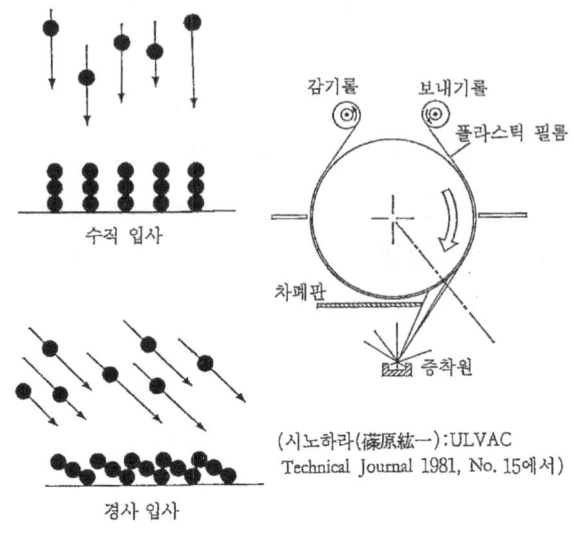

〈그림 4-5〉 자기 테이프와 경사 증착

분자가 들어오면 잘 되지 않는다.

〈그림 4-5〉를 보기 바란다.

기판에 곧바로 증발 분자(금속인 경우에는 거의 원자 형태이다)가 들어오면 기판 위에서 기판에 수직한 다결정(多結晶) 기둥과 같은 구조가 된다는 것을 3장에서 얘기했다. 그것은 날아온 분자가 먼저 퇴적되어 있는 분자 위에 겹쳐지는 것을 뜻한다. 만일 증착 분자가 당구공과 같다면 아래층에 분자가 가득 차지 않는 동안 아래 분자 위에 얹힐 수는 없다.

이런 성질을 가진 증착인 경우에는 제1층이 만들어지고 나서 제2층이 만들어지는 식으로 1층마다 퇴적한다. 이것을 '단층 성장(單層成長)'이라고 부른다.

이에 대하여 아래 분자 위에 다음에 온 분자가 얹히는 성장

—실제로는 좀 더 복잡하며 하나의 핵 주위에 모여 성장하는 형태를 취한다—을 '핵성장(核成長)'이라고 부른다.

즉 이 증착 테이프의 경우, 금속 원자는 핵성장하는 형태로 퇴적한다. 이러한 핵성장 하는 형태를 가진 증착에서는 증착막은 증발 분자가 날아온 방향을 기억하고 있다. 〈그림 4-5〉의 비스듬히 성장하고 있는 케이스는 이렇게 해서 일어난다.

증착 테이프에서는 비스듬한 방향으로 퇴적하며, 더욱이 하나하나의 필라멘트 모양의 결정이 서로 독립되어 있는 것이 고밀도 기록에 편리하다.

그러므로 이런 경우의 자성 재료인 감기 증착한 필름과 증착원 배치는 알루미늄의 감기 증착과는 달라, 비스듬히 증착할 수 있게 배치되어 있어야 한다.

대량 생산에 알맞은 필름이라는 소재

필름이라는 소재는 본질적으로 대량 생산에 알맞다. 성막 공업(成膜工業) 분야에서 필름 상에 증착해도 좋은 것이 있으면 서슴지 않고 감기 증착으로 해야 한다고 생각한다.

비결정성 실리콘 태양 전지에 그런 경향이 나타나고 있다. 필름이라고 해서 반드시 플라스틱만이 아니다. 아주 얇은 금속박도, 유리나 석영 필름도 감기 증착 대상이 될 것이다. 조건만 갖추어지면 현재 실리콘 웨이퍼 위에 집적하고 있는 초LSI 소자도 감기 증착형 반도체 프로세스 장치로 생산하게 될지 모른다. 필자는 진지하게 그렇게 생각하고 있다.

5. 이온 플레이팅

이온 플레이팅이란 무엇인가?

새로운 세계를 여는 발명이란 언제나 그렇지만, 그때까지 사람들이 상식으로 의심하지도 않았던 것을 조금씩 의심하는 데서 시작되었다.

이온 플레이팅(Ion Plating)의 경우도 그랬다.

미국 뉴멕시코 주의 사막 지대인 앨버커키에 샌디어 연구소가 있다. 1964년에 그 연구소의 기사 D. 매톡스는 그때까지 10^{-3}파스칼 이하의 압력으로 하던 진공 증착을 10^{-1}파스칼보다 높은 압력의 플라스마 속에서 해보면 어떨까 생각했다.

플라스마란 가스 분자와 전자와 이온이 함께 섞여 있는 상태이다. 2장에서 소개한 랭뮤어가 이름을 붙였다. 그는 '물질의 삼태(三態)인 고체, 액체, 기체와 나란히 플라스마는 제4의 물질 상태이다'라고 말했다.

이온 플레이팅이란 진공 증착 대신에 플라스마 속에서 증착하는 것을 말한다. 플라스마에서 꺼낸 이온이 중요한 구실을 하기 때문에 이온을 사용하는 도금이라는 뜻으로 이온 플레이팅(플레이팅은 도금의 뜻)이라고 이름을 붙였을 것이다. 물론 이온만이 기판에 들어가는 것이 아니다. 기판에는 증발 분자(원자) 외에 가스 분자와 전자, 그리고 가스 이온이 들어간다.

플라스마 속에서 증착하는 것과 진공 증착하는 것이 어떻게 다른가 하면, 진공 증착에서는 증발원에서 증발한 분자(원자)가 곧바로 기판에 날아와 퇴적하기만 한다. 물론 진공 용기 속의

5. 이온 플레이팅　75

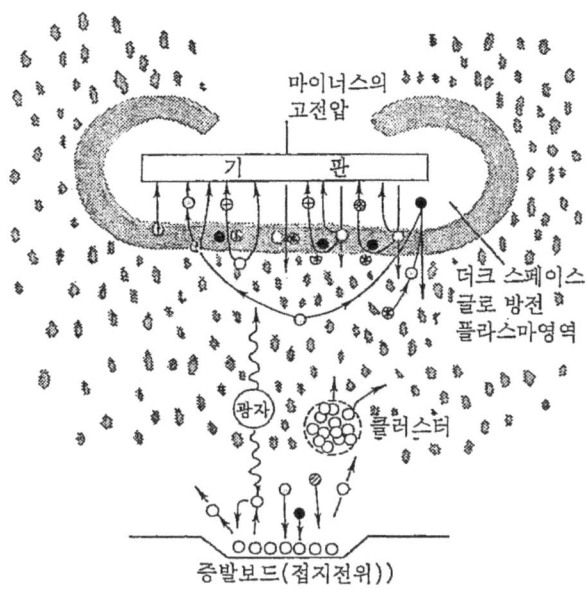

〈그림 5-1〉 이온 플레이팅의 원리
(D.M.Mattox, J.Vac. Sci. Technol. 10, 1973, 48을 참고로 하여 작도)

　잔류 기체도 기판 표면에 날아오는데, 그것은 전체적으로 보면 무시할 수 있을 만큼 작기 때문에 여기서는 그것을 문제 삼지 않는다. 그러므로 이온 플레이팅 쪽이 증발 분자 이외의 입자(이온, 전자, 가스 분자)가 진공 증착에 비해서 더 많이 기판에 들어간다.
　전자는 기판에 들어가도 단순하게 열적인 작용밖에 하지 않는데, 이온은 열적인 작용 외에 더 격렬한 작용도 한다. 그 작용은 대략 다음 세 가지이다.

(1) 스퍼터링

(2) 이온 주입과 그에 따르는 이온 믹싱

(3) 표면 화학 반응 촉진 작용

스퍼터링(sputtering)은 중요한 현상인데, 다음 6장에서 자세히 설명하게 되므로 여기서는 앞에서 기판 위에 퇴적된 증착막 일부를 나중에 날아온 이온으로 충돌시켜 튕겨나가게 하는 것이 스퍼터링으로 일어난다는 것 이외에는 자세히 설명하지 않는다.

이온 플레이팅에서 주로 이용하는 것은 열적인 작용과 앞에서 든 (2)와 (3)의 작용이다.

플라스마 속의 이온 작용을 강화하기 위하여 기판에 이온을 끌어들이는 마이너스 전위(電位)를 준다. 이것을 주지 않으면 플라스마는 벽 사이에 플라스마 전위를 가지고 있을 뿐이므로 그 전위 물매분 만큼의 에너지를 가진 이온이 기판에 들어가는데, 기판에 마이너스 전위를 걸어주면 그 몫만큼 이온 에너지가 증가한 것이 들어온다.

이온 플레이팅이란 플라스마 속에서 하는 증착이라고 했다. 그 플라스마를 만들기 위해 진공 장치 속에 가스를 0.1에서 1 파스칼의 압력으로 채우는데, 보통 이온 플레이팅에서는 가스로 아르곤이 사용된다.

아르곤 플라스마 속에서 티탄의 이온 플레이팅을 하는 경우를 예로 들면 티탄의 증발 원자(원자량 48)는 약 1800℃의 열에너지를 가지고 기판에 날아든다. 그에 대해서 1000eV의 에너지를 가진 아르곤 이온(분자량 40)은 그의 약 1만 배의 운동 에너지를 가지고 기판에 들어온다(eV는 에너지를 나타내는 단위, 1eV는 전자 1개가 진공 중에서 1V의 전위차로 가속된 때에 얻는 에너지이다).

  그것은 운동 에너지를 온도로 환산하면 1eV가 1만 1700도(절대 온도)에 해당하기 때문이다. 1eV가 약 1만도이므로 1000eV에서는 1000만도라는 초고온이 된다.

  티탄의 증발 분자가 1만개 기판에 들어갔을 때의 열에너지와 1000eV의 아르곤 이온 1개의 열에너지가 거의 같기 때문에 티탄 원자수의 1%의 아르곤 이온이라도 그것이 기판에 들어가는 상태에서 이온 플레이팅하면 티탄의 진공 증착에 비하여 100배나 큰 열에너지로 증착이 실시되는 것에 해당한다.

  예를 들면 1000eV의 에너지를 얻는 데는 기판 전위를 -1000V로 하면 된다.

  이온 플레이팅과 진공 증착의 차이는 먼저 증착 중에 이온이 들어가는 것이다. 이것을 지금까지의 설명으로 알 수 있었을까?

  물론, 플라스마 작용 중에는 아르곤 이온 외에(아르곤 이온과 아르곤 플라스마 속에서 생긴) 티탄 이온이나 복잡한 과정으로 생긴 들뜬 분자 등이 섞여 있다. 여기서는 얘기를 단순하게 하기 위해서 아르곤 이온을 예로 든다.

  고속 중성자의 설명은 복잡하고 길어지므로 여기서는 하지 않겠다. 9장 4절의 칼럼 '고속 중성 입자의 발생'에서 해설하였으니 그것을 참조하기 바란다.

  (2)의 "이온 주입과 그에 따르는 이온 믹싱"은 다음과 같은 작용을 한다. 즉 1000eV의 아르곤 이온에서는 티탄 증착막 속

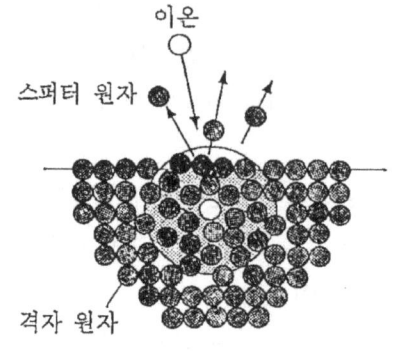

〈그림 5-2〉 이온 주입과 거기에 따르는 이온 믹싱. 그림에서는 스며든 1개의 고속입자에 대하여 반지름 방향으로 4개의 격자원자가 격심하게 흔들리는 것으로 그려져 있다

에 표면에서부터 대략 1.5㎝되는 곳에 아르곤이 묻힌다. 실제로는 차례차례로 티탄의 눈이 쌓이게 되니 아르곤 이온이 묻히는 위치도 표면으로부터 일정한 거리를 유지한 채 티탄의 눈 속에 균일하게 묻혀 버린다. 사실 이온 플레이팅 막을 미량분석(微量分析)해 보면 아르곤이 틀림없이 들어 있다는 것이 증명된다.

이렇게 겨우 1.5㎝로 묻힌 깊이지만 아르곤 이온이 투입되었을 때에는 주위의 티탄 증착막 원자에 큰 에너지를 준다. 어쨌든 1000만 도에 해당하는 에너지를 가진 입자가 증착막의 격자 원자와 충돌하면서 점점 냉각되어 가므로 충돌된 격자 원자는 큰 에너지가 주어져서 격렬하게 운동한다. 그 결과로 증착막 내부에서 주위의 티탄 원자가 만들고 있는 격자를 엄청나게 휘젓는다. 그 결과 튼튼한 막이 생긴다. 휘젓는 범위는 대충 어림잡아 아르곤 원자가 묻힌 곳에서 반지름으로 쳐서 티탄의 격자 원자 20개쯤 되는 거리의 공속이라고 생각하면 된다. 〈그림 5-2〉는 이것을 모형으로 보인 것이다.

(3)의 작용에 대해서는 이 장의 4절에서 설명한다.

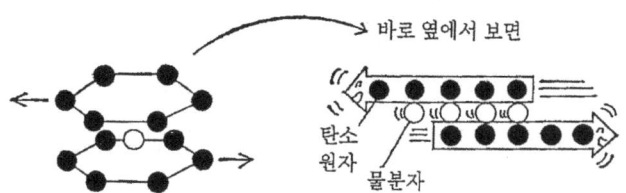

탄소 원자 격자의 구조는 귀갑꼴을 겹친 것 같다. 그 사이에 물 분자가 흡착하고 있다. 화살 방향은 탄소격자가 움직이기 쉬운 방향이다

탄소 원자가 만드는 격자 사이에 끼인 물 분자가 베어링 구실을 한다. 몰리브덴과 황의 화합물(이황화몰리브덴)의 경우 황이 물 분자와 같은 베어링 구실을 한다

〈그림 5-3〉 카본의 윤활성은 물 분자의 흡착과 관계가 있다

이온 플레이팅의 초기 응용은 매트릭스가 있는 곳이 아니고 NASA(미국 항공 우주국)에서 이루어졌다.

1960년대를 특징짓는 것은 우주 개발 경쟁일 것이다. 인공위성에 탑재하는 기계 부품의 회전부나 접동부(接動部)의 베어링은 그 시대의 새로운 개발 대상이었다.

왜냐하면, 우리가 평소에 쓰고 있는 베어링의 윤활재(潤滑材)는 기름이나 그리스인데, 이런 윤활재는 우주의 진공에서는 쓰지 못한다. 금방 증발되어 버려서 베어링을 윤활재 없는 상태에서 작동시키게 된다. 이것은 인공위성의 기계 부품의 결손 원인이 되어 버리므로 아무래도 우주에서 사용할 수 있는 윤활재가 필요하게 되었다.

이 요청은 윤활의 기초 학문인 트라이볼로지(Tribology : 마찰과 윤활의 이론)의 진보에도 기여하였다. 여러 가지 고체 윤활재가 실험되었다. 처음에 유망했던 카본은 금방 실격되었다. 카본

은 윤활 기본이 흡착되어 있는 수분이었기 때문이다(〈그림 5-3〉). 몰리브덴과 황 화합물이나 텅스텐과 황 화합물 등은 사용할 수 있다는 것이 밝혀졌다. 그 일환으로 금의 이온 플레이팅이 시도되고 성공했다. 놀랍게도 금이 윤활 구실을 한다는 것이다.

그러므로 금의 이온 플레이팅인 경우에는 복잡한 볼 베어링의 구석구석에 빈틈없이 금의 증착막이 붙는 것과 바탕이 되는 베어링재에 잘 밀착되는 것이 이온 플레이팅의 뛰어난 성능으로 높이 평가되었다.

습식 크롬 도금과 환경 문제

1960년대의 고도 성장기에 일본의 자동차 공업은 자기 자신뿐만 아니라 주변 산업계에도 많은 기술 혁신을 촉구했다. 도금업계도 자동차의 공업 규격에 맞는 경질(硬質) 크롬 도금의 큰 수요를 안고 있었다.

1969년, 고도성장의 후기에 환경 보호의 기운이 단번에 높아졌을 때, 습식(濕式) 프로세서인 크롬 도금에 대해서 비판의 소리가 높아졌다. 신문지상이나 방송에 연일 육가 크롬이라는 말이나 도금액을 하수에 버리는 일을 비난하는 소리가 들렸다. 도금업계의 무공해화 대책(無公害化對策)은 넓은 범위의 연구자나 기업가를 동원하여 급속히 진행되었다. 이온 플레이팅이 건식(乾式 : Dry) 프로세스로서 무공해 도금법이라는 것이 주목되기 시작된 것은 그런 시기였다.

습식 프로세스를 완전히 무공해화하든가, 드라이 프로세스인 이온 플레이팅을 선택하든가 하는 몹시 진지한 문제를 미국과 일본도 안고 있었다.

  결국은 도금업계의 필사적인 노력으로 습식 프로세스로 무공해 처리 설비를 완비하는 것으로 타개했다. 이 단계에서는 이온 플레이팅의 크롬 도금이 산업계에 널리 받아들여지는 데까지는 이르지 못했다.

  그러나 이것을 계기로 크롬의 이온 플레이팅 연구가 활발히 진행된 것은 그 후의 발전에 크게 도움이 되었다.

  여기서 크롬의 이온 플레이팅에서 일어난 크롬 고유의 문제를 설명하겠다. 왜냐하면 재료 과학이나 재료 공학 분야의 개발에서 반드시 부딪치는 문제를 내포하기 때문이다.

  크롬의 진공 증착은 이전부터 실시되었다. 실험실 규모의 박막 증착(薄膜蒸着)에서는 증발원으로 크롬 도금한 텅스텐 필라멘트나 극소량의 크롬 덩어리를 그 위에 얹은 몰리브덴 보드를 사용하고 있었다.

  그러나 습식 크롬 도금 대용이 될 만큼 두꺼운 막을 만드는 데 사용할 수 있는 크롬 재료를 찾지 못했다. 보통 얻어지는 공업용 크롬(전기 분해법으로 만든 것)은 진공 중에서 가열하면 크롬 덩어리 속으로부터 굉장히 많은 가스가 나와서 덩어리가 튕겨서 사방으로 흩어져 버린다.

  진공 증착에 사용하는 증발 재료는 보통, 미리 진공 융해에 의해서 가스 방출이 적은 재료로 정제(精製)한 것을 사용하는데, 크롬은 진공 융해할 수 없으므로 가스 방출이 많은 조악한 증발 재료 밖에 입수하지 못했기 때문이었다.

  왜 진공 융해하지 못했는가 하면, 그것은 크롬의 경우에 진공 융해하려고 도가니를 고온 가열해도 도가니 속의 크롬은 액체가 되지 않고 고체로부터의 승화로 이미 큰 증발 속도가 되어 버리기 때문이다. 크롬이 융액이 되기 전에 자꾸 증발해서 줄어버리므로 정제할 수 없다.

그러나 이 문제는 현재 해결되었다.

진공은 증발이 왕성하게 일어나므로, 진공으로 하는 대신에 순도(純度)가 높은 아르곤 속에서 크롬의 증발을 억제하면서 아크 융해하는 것이 그 해결책이었다. 그것이 크롬 정제를 잘 해결하는 계기가 되었다.

아크 융해라는 것은 아르곤 아크 용접(Argon Arc Welding)의 대규모라고 생각하면 된다. 아르곤 가스 속에서 전극 막대와 융해하려는 금속 사이에 아크 방전을 일으켜 금속을 가열한다.

현재는 진공 증착이나 이온 플레이팅 뿐만 아니라 다음 장에서 얘기하는 스퍼터 증착의 타깃재(Target 材)에도 이 특수 융해한 크롬을 사용하고 있다.

필자가 독자에게 얘기하고 싶었던 것은 이런 점이다. 즉, 이온 플레이팅으로 크롬의 두꺼운 막을 만들려고 하다가 결국 증발(승화) 재료로부터 새로 정제하여 맞닥뜨려야 했다는 귀중한 경험이다. 이런 일은 개발 현장에서는 흔히 일어난다. 금방 입수할 수 있는 재료로 잘 되지 않는다고 해서 단념해서는 안 된다.

홀로 캐소드 방전법

이온 플레이팅은 앞에서 얘기한 것처럼 플라스마 속에서 증착하는 방법이므로, 진공 증착과의 차이는 플라스마 속인가 진공 중인가 하는 것뿐이다. 그러므로 진공 증착의 증발원은 대게 사용할 수 있을 것이다. 사실 많은 진공 증착용 증발원을

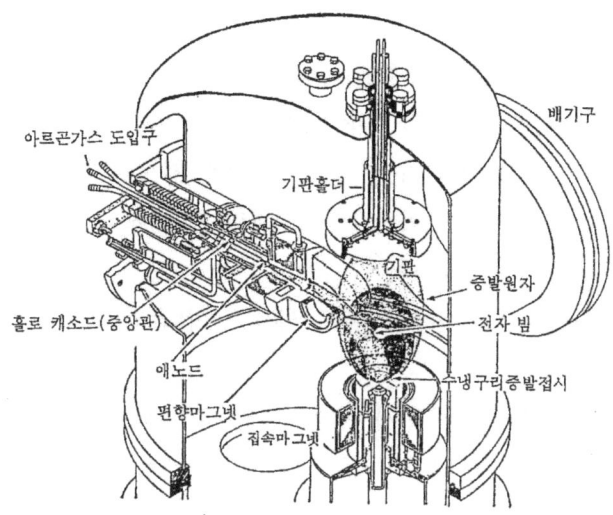

〈그림 5-4〉 호롤 캐소드 방전법

이온 플레이팅용으로 사용하고 있다. 그러나 이온 플레이팅에만 사용하는 증발법도 있다. 홀로 캐소드 방전법은 이온 플레이팅에 특유하며, 또한 아주 특징이 있는 증발법이다.

홀로 캐소드(Hollow Cathode)란 중공 음극(中空陰極)이라는 뜻이다.

① 탄탈이라는 고온 금속으로 만든 중공관과 그것과 맞대어 놓은 구멍이 뚫린 애노드(Anode) 사이에서 아크 방전이 일어나게 한다. 아크 방전을 일으키기 위해서는 진공 용기 속에 홀로 캐소드를 통하게 하여 아르곤 가스를 넣는데, 홀로 캐소드와 애노드 사이의 아르곤 압력이 아크 방전에 알맞은 10파스칼 정도가 되게 한다. 한 번 아크 방전이 생기면 아크 방전의 플라스마로부터 이온이 나와서 홀로 캐소드를 자꾸 자극한다. 그로부터 호롤 캐소드가 가열되어 고온이 되어 많은 전자를 애노드

를 향해서 방출한다.

② 애노드로 향하여 방출된 전자는 애노드 구멍을 지나서 애노드 밖으로 끌려 나온다. 아크 방전으로 생긴 전자이므로 전자가 가지고 있는 에너지는 아크 전압의 정도이고, 전자의 전류는 아크 전류의 정도이다. 아크 전력 5kw에서 그것은 각각 50V, 1000V 정도가 된다.

즉, 낮은 전압, 대전류가 홀로 캐소드 방전법의 플라스마 전자 빔의 특징이다.

③ 애노드에서 나온 전자 빔을 증발 접시로 유도한다. 증발 접시는 구리로 되어 있고 물로 냉각되어 있다. 구리 접시와 같이 가운데가 우묵 패인 곳에 증발 재료를 넣어둔다. 예를 들면, 티탄이나 크롬 같은 재료이다. 그리고 그 증발 접시에 담은 증발 재료에 전자 빔을 쬔다.

④ 전자 빔으로 가열된 증발 재료는 접시에서 증발한다. 그리고 증발 분자(원자)는 대전류의 전자 빔 속을 뚫고 날아간다.

증발 원자가 전자 빔 속을 뚫고 나아가는 동안에 전자와 충돌하여 원자가 가지고 있던 전자를 튕겨서 그 원자를 이온으로 만든다. 이를테면 이온화로 생긴 이온은 원래의 원자와 섞여 있다.

⑤ 기판이 증발 접시 위에 매달려져 있기만 하면 증발 원자와 그 이온은 섞인 채로 기판에 퇴적한다. 여기서 기판은 어스 전위에 있거나 약간 마이너스 전위에 있어서 원자 쪽은 아무런 영향은 받지 않지만 이온 쪽은 큰 영향을 받는다. 마이너스 전위로 하면 이온 쪽은 전기장으로 가속되어, 처음 에너지에 전기장의 가속에 의한 운동 에너지가 더해진 고속 이온이 되어 기판을 자극하기 때문이다.

⑥ 얘기하는 것을 빠뜨렸는데 증발 원자의 이온에 비해서 가스 이온은 훨씬 적다. 그것은 가스 쪽은 홀로 캐소드를 통하여 진공 용기에 도입한 가스일 뿐인데 큰 진공 펌프로 배기하여 용기 내의 압력을 0.01파스칼 정도로 억제하고 있다. 그러므로 가스 이온이 생기는 확률이 증발 원자의 그것에 비해서 그렇게 많지 않다.

이 방법의 어디에 특징이 있는가 하면 보통의 이온 플레이팅에서는 플라스마로부터 기판에 들어가는 이온의 태반은 가스(이 경우에는 아르곤) 이온인데, 호롤 캐소드 방전법의 경우에는 플라스마에서 들어가는 이온은 증발 금속의 이온이 압도적으로 많다. 이것이 성막 입장에서 보아 유리하다.

왜 금속 이온이 많으면 유리하게 되는가? 이것은 나중에 얘기하기로 하고 홀로 캐소드 방전법으로 그렇게 잘 되는가 먼저 얘기하겠다.

홀로 캐소드 방전법의 특징은 첫째로 이온을 만드는 데 아주 편리한 에너지(약 60eV)이고 더욱이 그 전자수를 아주 많이 만들 수 있다는 것이다. 그런 전자를 만들기 위해서 홀로 캐소드(중공 음극이라는 뜻)로 만든 플라스마에서 대전류의 전자를 꺼내서 증발원에 투입한다.

두 번째 특징은 그 전자 빔으로 가열·증발한 금속 증발 분자(원자)가 전자 빔을 스치고 기판으로 나아가는 것이다. 전자 빔을 스칠 때 증발 분자(원자)의 일부가 이온화한다. 전자수가 아주 많기 때문에 생기는 이온수도 필연적으로 많아진다.

홀로 캐소드 방전 그 자체는 그때까지도 진공 플라스마 융해로 등에 이용하고 있었는데, 단지 플라스마 빔의 열적 효과만을 쓰고 있었다. 이온 플레이팅에서는 열적 효과 외에 그 전자가 가진 이온화 효과도 잘 이용하고 있는 것이 새로운 점이다.

왜 금속 이온이 많으면 성막 입장에서 유리한지 얘기해 보자.

가스 이온은 증착막 속에 들어가서 가스 원자인 채, 이를테면 이물(異物)의 형태로 섞여 있다. 그러나 증발 금속 이온이면 증착막 속에서 증착막을 구성하는 금속과 같은 금속 원자로서 존재한다. 즉 구별이 없어진다.

증착막 속에 이물이 섞여 있으면 여러 가지 나쁜 점이 나타난다. 적을 때는 결정의 격자 결합(格子缺陷)을 만들고, 많아지면 브리스터링(Bristering) 같은 가스 덩어리가 막 속에 생긴다. 그것이 생기지 않은 것은 아주 유리하다.

그러므로 홀로 캐소드 방전법은 이를테면 이온 플레이팅의 좋은 점만을 이용하고 있다.

탄화물, 질화물의 이온 플레이팅

홀로 캐소드 방전법을 써서 아주 튼튼한 막을 만들 수 있게 되었다.

탄화티탄, 탄화크롬, 질화티탄, 질화크롬 등이 그것이다.

예를 들면 탄화티탄은 다이아몬드 버금가는 단단한 막을 만들 수 있다. 질화티탄은 금색의 아름답고 단단한 막이 생긴다. 탄화크롬과 질화크롬은 단단하고 화학적인 성질이 좋은(내식성이 강한) 막이 생긴다.

어느 정도 단단한가는 〈그림 5-5〉에서 볼 수 있다.

이러한 화합물의 튼튼한 막을 넓은 의미에서의 진공 증착으로 만드는 연구는, 캘리포니아 대학 로스앤젤레스 분교의 R.

〈그림 5-5〉 후막의 굳기 비교

후막의 물질	굳기(마이크로비커스 50g)
금	80
구리	168
니켈	557
크롬	935
탄화텅스텐	1800
탄화티탄	2800
탄화크롬	1800
질화티탄	2000
질화크롬	1800
다이아몬드(결정)	7000

F. 밴셔 교수가 1976년에 활성화 반응 증착이라는 방법을 개발하여 탄화티탄의 단단한 막을 만든 데서 촉발되었다.

밴셔 교수의 방법은 전자 빔 증발에서 티탄을 증발시키는 도중에 아세틸렌 가스를 진공 용기 속에 넣는다. 증발원과 기판 사이의 공간에 링 모양의 전극을 넣고 거기에 가스를 활성화하기 위한 전기장을 가하는 방법이다.

이온 플레이팅과 아주 비슷한 방법이었으므로 이온 플레이팅 연구자는 자기들의 장치에 반응성 가스를 넣어서 탄화물이나 질화물 막을 만드는 일을 자꾸 시도했다. 미국과 유럽에서도 이 기술을 연구하는 곳은 그다지 많지 않았는데, 일본은 앞다투어 연구 개발을 하였다. 공업적인 규모로 응용한 것은 일본이 가장 빨랐으며, 또한 가장 많이 응용의 길을 열었다.

우리 그룹은 앞에서 설명한 홀로 캐소드 방전법의 이온 플레이팅을 썼다. 홀로 캐소드 방전법의 특징인 금속 이온이 많이 있는 것이 이런 화합물의 두꺼운 막을 기판 표면에서 만드는 데 유효하였다.

특수강의 공구 수명이 늘어났다

그때까지 탄화티탄은 CVD(화학적 증착)법으로 만들어졌다. NC선반 등에 쓰는 절삭 공구 중에 탄화텅스텐을 소결(燒結)한 것이 있다. 스로 어웨이 칩(Throw-Away-Chip)이라고 부르는 것이다. 이것은 탄화텅스텐 가루를 코발트를 바인더(Binder : 결합체)로 하여 구워 굳힌 것이다. 아주 단단한 절삭 공구로서 기계 가공 공장에서 많이 사용되고 있다.

이 탄화텅스텐 공구에 탄화티탄을 CVD코팅한 것은 원래의 공구 수명을 연장한다는 것이 알려져 있다. 스로 어웨이 칩이라고 부르는 이 공구 중에서 탄화티탄 코팅한 것이 자꾸 늘어나고 있다고 한다.

CVD로 튼튼한 탄화티탄막을 만드는데 필요한 기판 온도는 950℃에서 1100℃이다. 같은 정도로 단단한 막을 만드는 데는 홀로 캐소드 방전법이라면 650℃이면 된다.

스로 어웨이 칩에서는 CVD이든 홀로 캐소드 방전법이든 어느 것으로 해도 되는데, 이 기판 온도 차이가 특수강(特殊鋼)으로 만들어진 공구의 경우에는 결정적 구실을 한다.

1000℃에서 특수강은 물러져 버리기 때문이다. 그러나 650℃라면 문제가 없다는 판단이었다.

그래서 스로 어웨이 칩으로 탄화티탄 코팅에 의하여 수명이 연장된다는 것을 알고 있던 공구 메이커 사람들은 이 새로운 이온 플레이팅에 의한 탄화티탄, 질화티탄의 코팅과 대결하였다.

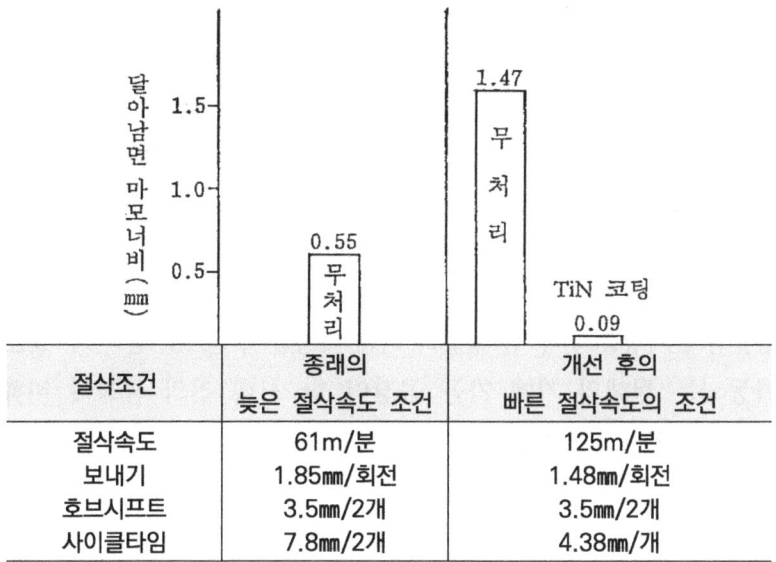

호브의 마모량 비교
〈그림 5-6〉 공구의 수명과 질화티탄막의 구실

일본의 공구 메이커는 용감하였다. 세계에 앞서서 질화티탄을 코팅한 특수강제의 공구를 판매하기 시작했다. 호브커터 (Hop Cutter)라고 부르는 톱니바퀴의 이를 깎는 공구 등은 코팅을 함으로써 5배에서 10배 수명이 연장되었다.

왜 탄화티탄이 아니고 질화티탄인가 하는 이유는 몇 가지 있다. 수명 연장에 어느 것이나 같은 정도로 쓸 수 있다면 프로세스가 간단한 쪽이 좋다는 것도 하나의 이유이다. 아세틸렌 가스에 비해서 질소가스 쪽이 장치의 정비가 쉽다. 생긴 막은 질화티탄 쪽이 아름답고 확실히 특수한 표면 처리를 했다는 것을 알 수 있다는 것도 상품으로서 중요한 요소일 것이다.

이 경우에서 가장 중요한 것은 일본의 공구 메이커가 세계에 앞서 신제품을 내서 세계의 공구 시장을 선도한 것이다. 미국이나 유럽의 공구 메이커도 그 뒤를 좇는 형태로 시장에 참여하였다.

공구 수명이 연장된다는 것의 중요성은, NC머신(수치 제어의 공작 기계, 숙련공이 공작하는 것과 같은 일을 컴퓨터가 제어하는 기계로 할 수 있다)이나 머시닝 센터(Machining Center : 1대의 기계가 몇 종류인가의 기계로 공작하는 것과 같은 기능을 가지고 있어서 컴퓨터의 지령을 받아 한 묶음의 기계 가공을 무인으로 한다)가 풀로 가동되는 현대의 기계 가공 공장이 한 시대 전의 공장에 비해서 어느 정도의 비중을 차지하고 있는가를 떠올리면 된다. 예를 들면, 7시간으로 절삭 공구를 교체해야 한다고 하면 그때마다 밤중이라도 기계를 세우고 공구를 교환해 주어야 하는데, 그것이 24시간 지탱하면 공구 교환은 공구 교환 전문가가 하루 1회 교체하는 것에 그치므로 무인화 기계 공장으로서는 아주 고마운 일이다.

단단하고 내식성이 있는 금색 코팅

질화티탄은 몇 번 얘기한 것처럼 금색의 아름다운 막이 만들어진다. 더욱이 굳기가 높은 것과 내식성(耐触性)이 뛰어난 점에서는 실용성을 가진 장식품의 표면 처리로서도 유명하다.

손목시계의 케이스나 밴드는 땀과 먼지로 상당히 가혹한 사용조건에 견뎌야 한다. 안경테도 가혹하다는 점에서는 속목시계와 마찬가지이다. 고급 만년필이나 볼펜의 코팅도 마찬가지로 엄격할 것이다. 커프스나 넥타이핀이라면 조금 조건이 가볍다. 나이프나 포크나 스푼 등은 좀 더 거친 사용에 견뎌내야

5. 이온 플레이팅   91

〈그림 5-7〉 이온 플레이팅한 호브, 피니온커터

한다.

　실제로 지금 예로 든 질화티탄의 표면 처리를 한 일용품이 이미 시장에 나와 있다.

　나이프, 포크, 스푼과 같은 식기의 경우 '아주 단단하여 흠이 나지 않는다. 그러므로 언제까지나 새로 샀을 때처럼 번쩍번쩍 빛난다' 또는 '쇠 냄새가 나지 않는다', '산이나 알칼리 용액 속에 넣어도 끄떡없다' 따위의 얘기가 나오고 있다.

　미국에서 흥미로운 응용이 퍼지고 있다. 미국 사람은 반지를 좋아하는데, 지금 미국 대학의 칼리지 클럽이나 스포츠 클럽에서 회원 증표로 끼는 질화티탄 코팅을 한 반지가 인기라고 한다. 일본이라면 필경 휘장, 배지일 것이다.

　5장의 첫머리에서 이온 플레이팅 개발은 인공위성의 베어링 고체 윤활에서 시작됐다고 얘기했다. 그 응용이 일용품에까지 미쳤다고 마무리하는 것은 퍽 유쾌한 일이다.

반도체 프로세스에서 이온 플레이팅은 알맞지 않은가?

4장과 5장에서 감기 증착과 이온 플레이팅을 거론한 이유는 지난 10년간에 가장 두드러진 성장을 이룩한 성막 공업 분야 중에서 비교적 일찍부터 응용이 진척되고 있는 것의 대표로서, 또는 다음 장에서 얘기하는 반도체 프로세스에서가 아니고 성막 공업 응용이 이런 데에 있다는 것을 독자에게 알리고 싶었기 때문이다. 덧붙여 말하면 뒷장에서 소개하는 프로세스가 어떻게 그때까지의 진공을 사용한 성막 프로세스를 바탕으로 그것을 초고진공화 하여 청정진공화(淸淨眞空化)하여 갔는가를 순조롭게 이해하도록 하기 위해서였다.

이제부터 뒷장을 읽는 독자 중에는 '이 장에서 거론된 이온 플레이팅 조차도 반도체 프로세스에 쓸 수 있지 않은가'하고 필자 얘기에 의심을 가질지도 모른다.

그래서 먼저 필자는 '이온 플레이팅은 반도체 프로세스에서는 알맞지 않다'고 말해 둔다.

왜 그럴까?

이온 플레이팅은 필연적으로 진공 용기 속에서 플라스마를 만들어 그 속에서 진공 증착하는 프로세스이다. 그런데 플라스마는 진공 용기 벽의 아주 가깝게까지 퍼져버리고 있다. 플라스마로부터 아주 많은, 또한 높은 에너지를 가진 입자가 벽으로 들어간다.

우리는 플라스마를 거기서부터 입자가 벽에 들어가지 않게

5. 이온 플레이팅

컨트롤할 수는 없다.

  핵융합 실험에서도 플라스마가 용기 벽에 닿는 것이 플라스마 순도를 낮추는 중요한 요소로서, 그 대책에 많은 연구자가 연구를 거듭하고 있는 실정이다.

  이온 플레이팅 장치는 핵융합 실험 장치만큼 청정한 상태로 플라스마를 만드는 것은 어렵다. 일반적으로 진공 증착 장치의 벽은 앞서 증착 프로세스의 여분의 증착막이나 그것에 흡착된 가스 분자 등으로 꽤 더럽다. 거기에 플라스마로부터 고속 입자가 들어오면, 그들 흡착층으로부터 진공 중으로 금방 가스를 방출한다.

  그것이 반도체 프로세스에 필요한 성막의 막질(膜質)을 떨어뜨린다. 그러므로 필자는 이온 플레이팅은 반도체 프로세스에 알맞지 않다고 하는 것이다.

  다음에 얘기하는 스퍼터링도 같은 문제를 안고 있다. 그래도 반도체 프로세스에 사용해야 하므로 스퍼터링에서는 아주 청정한 진공에 신경을 써야 한다.

  청정한 진공을 만든다는 것은 벌써 몇 번인가 얘기했듯이 초고진공 문제이다.

6. 플라스마 프로세스—스퍼터링

방전 현상

네온사인이라고 하면 번화가의 이미지가 강하다. 그 네온사인의 붉은 빛은 희유기체 원소인 네온의 글로 방전의 빛이다. 글로 방전에는 각각의 가스에 특유한 색이 있고 이것이 네온가를 아름답게 물들인다.

네온관은 지름 15㎜쯤 되는 길쭉한 유리관 양단에 전극을 달고 그 속에 네온을 수백 파스칼로 채운 것이다. 관 길이 1m마다 1000V의 전압이 필요하다. 그러므로 보통은 1만 5000V의 전원으로 15m의 네온관을 방전시킨다.

글로 방전이라는 것은 이렇게 낮은 압력의 가스 중에서 일어나는 방전이다. 그러나 압력을 더 낮게 하면 그때는 방전하지 않는다. 방전에 꼭 좋은 압력이 있다. 그것은 전극 사이의 거리에 따라서도 달라지는데, 5㎝의 거리에서는 10에서 100파스칼 사이일 것이다. 0.1파스칼에서 글로 방전은 꺼져 버린다.

글로 방전은 관 속에 채운 가스 분자와 전자의 충돌과 깊은 관계가 있다.

1개의 가스 분자가 다른 가스 분자에 충돌하고 나서 또 다른 가스 분자와 충돌할 때까지의 거리의 평균값이 평균 자유 행정이라는 것은 앞서 얘기했는데, 글로 방전인 경우 이를테면 가스 분자와 전자 충돌의 평균 자유 행정과 관계가 있다. 그 평균 자유 행정이 전극 사이의 거리보다 길어져버리면 글로 방전은 일어나지 않는다. 두 전극 사이에는 몇 번 또는 몇 십번인

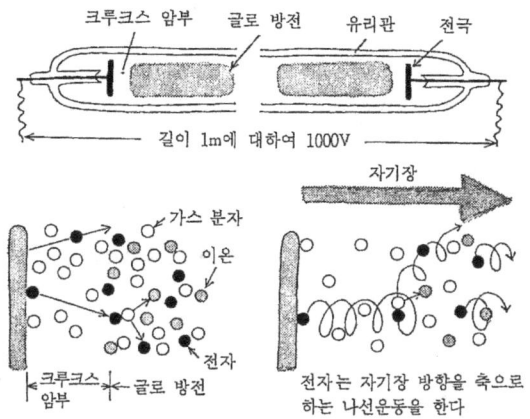

〈그림 6-1〉 글로 방전

가 충돌시키는 것이 방전을 계속시키는 데 필요하다.

전자가 음극에서 나가서 양극에 도달하기까지 가스 분자와 충돌하는 것과 방전이 지속되는 것이 깊이 관련되어 있으므로, 전자 궤도를 길게 해주면 방전은 더 낮은 압력에서도 계속된다. 사실, 전자가 완만한 나선 궤도를 그리도록 수백 가우스의 자기장 속에 방전관을 넣어주면 0.1파스칼이라도 방전은 지속된다.

또 하나 중요한 것은 글로 방전 속에서 가스 분자와 전자 및 그들의 충돌로 생긴 이온과는 플라스마 상태를 만들고 있다는 것이다.

물론 이온에는 양(플러스) 이온도 있고 음(마이너스) 이온도 있다. 플라스마는 그들의 이온과 전자와 분자가 섞여 있어서 전체로서 전하가 균형 잡힌 중성 상태를 유지하고 있다.

양이온과 음이온이 어느 쪽이 생기기 쉬운가는 분자(원자) 종류에 따라서 다르다. 양이온은 전자와의 충돌로 원자가 가지고 있는 바깥껍질 전자 궤도로부터 전자가 튕겨나가서 빠진 상태이고, 음이온은 반대로 충돌에 의하여 자유 전자가 바깥껍질 전자 궤도 속에 들어간 상태이다.

　이제부터의 설명에서 특별한 단서가 없는 한 이온은 이러한 양이온과 음이온을 통틀어 말한다. 또 경우에 따라서는 양이온만을 가리키는 일도 있다.

스퍼터링이란 무엇인가?

　글로 방전에는 더 친근한 응용이 있다.

　바로 형광등이다. 형광등에는 아르곤 수백 파스칼과 수은 증기를 그의 1,000분의 1 정도로 채우고 있다. 그리고 유리관 안쪽에 형광체가 칠해져 있다. 수은 증기의 방전으로 복사되는 자외선이 이 형광체를 비침으로써 흰 빛을 낸다.

　그런데 오래된 형광등을 보면 관 끝 쪽이 거뭇하게 되어 있다.

　이 원인은 플라스마로부터 음극에 들어가는 이온에 의한 스퍼터링이라는 현상이며, 음극 재료인 원자가 튕겨나갔기 때문이다.

　역사를 되돌아보면 글로 방전 현상을 연구하고 있는 도중에 방전관의 음극 부근이 검어지는 것, 더 오랫동안 방전을 계속하면 금속 광택을 가진 막이 생겨서 유리관의 절연성(絕緣性)을 몹시 나쁘게 만든다는 것 따위를 알게 되었고 이후 그 원인을 알아내기 위한 연구가 시작되었다. 거기서 오늘날 스퍼터링의 응용 기술이 태어났다.

　스퍼터링이란 어떤 현상인가?

6. 플라스마 프로세스—스퍼터링   97

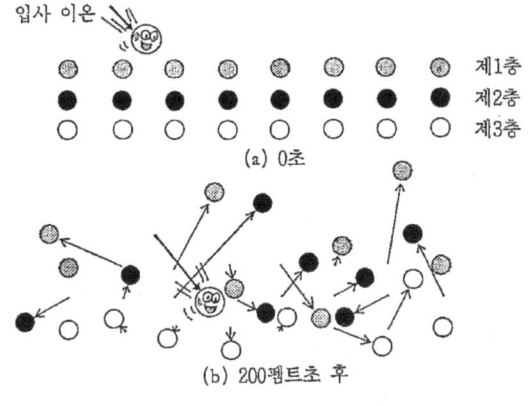

〈그림 6-2〉 스퍼터링

〈그림 6-2〉를 보기 바란다.

먼저 플라스마 속으로부터 음극 표면에 (양)이온이 날아오는 데서 시작한다.

여기서는 이온을 예로 들었는데 반드시 이온일 필요는 없다. 이온에서 전하가 없어진 고속 중성 입자라도 얘기는 같다. 이온은 전하를 가진 상태로는 음극 표면으로 들어갈 수 없다. 표면의 아주 가까이에 오면 표면에 있던 자유 전자가 이온으로 옮겨가서 이온을 중화시켜버리기 때문이다. 그러므로 이온도 고속중성 입자도 그것이 가지고 있는 운동 에너지만이 스퍼터링에 관계한다. 고속 중성 입자에 관해서는 9장 4절의 칼럼 '고속 중성 입자의 발생'을 참조하기 바란다.

5장에서 아르곤 이온은 1000eV의 에너지로 티탄 증착막 속에 1.5㎜쯤 파고든다는 것과 반지름으로 티탄 원자 20개쯤의 거리의 공속의 격자 원자를 마구 휘젓는다는 것을 얘기했다. 에너지가 1KeV(1000eV)로부터 1자리 수 이상 떨어져 있지 않은 범위에서는 에너지가 높아질수록 비례해서 깊이 파고들게 된다. 그러나 1개의 이온당의 격자 원자를 휘젓는 범위는 그다지 변하지 않는다. 그 대신 휘젓는 정도가 격렬해진다.

앞에서 원자끼리의 충돌을 당구공 충돌로 설명하였는데, 여기에서도 당구공의 동작을 상상하면 이해하기 쉬울지 모른다. 어쨌든 음극 표면 근처에서는 수천 개의 격자 원자가 격렬하게 충돌한다. 그 속에는 치고 들어온 이온 방향과는 반대로 표면을 향해서 깊은 곳으로부터 에너지가 전달되는 것도 있다. 물론 깊이 방향으로도 옆 방향으로도 똑같이 에너지가 전도되는 것은 말할 것도 없다.

그리고 이 표면 방향으로 전도되어 간 에너지는 표면의 제1층 또는 제2층에 있는 원자의 어떤 것을 격자로부터 뜯어내어 공간을 튀어나가게 한다. 이것이 스퍼터링 현상이다.

진공 증착에서 설명한 것처럼, 승화라고 부르는 것은 격자 원자가 격자에게 묶여 있는 속박을 벗어나서 공간으로 튀어나가는 것인데, 스퍼터링도 그것과 비슷하다. 다만 크게 다른 점이 있다. 승화에서는 튀어나가는 원자가 가지고 있는 에너지는 겨우 0.1eV정도인데, 스퍼터링으로 튀어나간 원자가 가지고 있는 에너지는 2나 4eV라는 20배에서 40배 높은 에너지를 가지고 있다.

이것이 성막에 응용할 때 특징이 되는 점이다.

1개의 이온 당 몇 개의 격자 원자가 스퍼터하는 비율을 스퍼터 수량(收量)이라 부른다. 스퍼터 수량은 이온의 에너지가 높을수록 많아진다. 이것은 일반적 경향인데, 스퍼터 수량의 구체적인 값은 개개의 이온과 표면을 구성하는 물질의 짝에 따라 두

6. 플라스마 프로세스—스퍼터링   99

〈그림 6-3〉 아르곤 이온의 스퍼터 수량의 보기. 여기에서 이온 에너지의 단위는 eV, 스퍼터 수량 단위는 [N개의 원자/1개의 이온]이다. n은 앞의 스퍼터 수량의 수치이다. 단지, 화합물 경우는 원자 대신에 분자수로 한다

이온 에너지	알루미늄 Al	알루미나 Al_2O_3	실리콘 Si	석영 SiO_2
100	0.11		0.07	
200	0.35		0.18	
300	0.65		0.31	
600	1.24		0.53	
1000	1.5	0.04	0.6	0.13
2000	1.9	0.11	1.3	0.4

드러지게 다르다. 여기에서는 하나의 기준으로 〈그림 6-3〉에 아르곤 이온의 충격에 따른 알루미늄과 실리콘의 스퍼터링 수량과 각각의 산화물(알루미나와 석영) 수치를 보인다.

스퍼터링에 의한 성막의 특징

스퍼터링은 흔히 진공 증착과 비교된다.

앞에서(〈그림 3-4〉) 진공 증착막의 바탕 온도와 막의 단면 구조 관계를 모형적으로 그린 모프찬-번저의 그림을 보았다. 그에 대응하는 스퍼터링의 막구조 모형을 손턴이 〈그림 6-5〉와 같이 마무리하였다. 진공 증착에서는 바탕 온도만의 함수였던 것이 스퍼터링 막에서는 바탕 온도와 가스 압력의 함수로 되고 있다. 또 T_1과 T_2 사이에 또 하나의 다른 천이영역(遷移領域)의 온도 TR을 넣고 있다. 이 그림을 보면 가스 압력이 낮을수록 뛰어난 막이 쉽게 만들어질 수 있을 것 같다.

이온 전류와 표면이 깎이어 가는 속도의 관계

아르곤 이온의 에너지가 1000eV에서 알루미늄의 스퍼터 수량이 1.5라는 것은 2개의 아르곤 이온이 입사하여 3개의 알루미늄 원자가 스퍼터하는 것을 의미한다.

여기에서 이온수와 이온 전류의 관계를 기억해 두기 바란다. 이온의 수가 1초당 10^{15}(1,000조 개/매초)가 들어가면 이온 전류로 하여 0.16mA 흐른 것에 상당한다.

또 하나, 표면에 일렬로 배열되어 있는 금속 원자수를 기억하기 바란다. 그것은 1㎠당 약 10^{15}개이다(이 숫자는 원자를 지름 0.3㎜의 구로서 1㎠에 가득 채운 때의 수이다. 1㎝의 한 변에 배열되어 있다고 가정하면 약 3160만개의 원자가 있다).

즉, 1000eV의 아르곤 이온이 1㎠당에 이온 전류로 0.16mA(매초 10^{15}개의 이온)가 들어가면 알루미늄 표면으로부터 1㎠ 당 매초 1500개 조의 알루미늄 원자를 스퍼터한다. 이것은 1㎠ 당 매초 1.5 원자 층의 두께의 알루미늄을 벗기는 것에 상당한다.

그러므로 1시간에는 5,400층(1600㎜, 즉 1.6m) 두께의 알루미늄 층이 깎이게 된다.

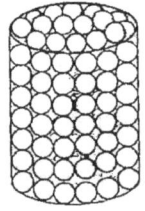

1초간에 1000조(10^{15}) 개의 비율로 이온이 입사하면 160μA의 전류가 흐른 것이 된다.

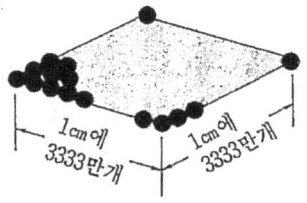

1㎝에 3333만개

1㎠에 1000조(10^{15}) 개의 표면원자가 배열되어 있다.

〈그림 6-4〉 이온수와 이온 전류와 표면 원자 수

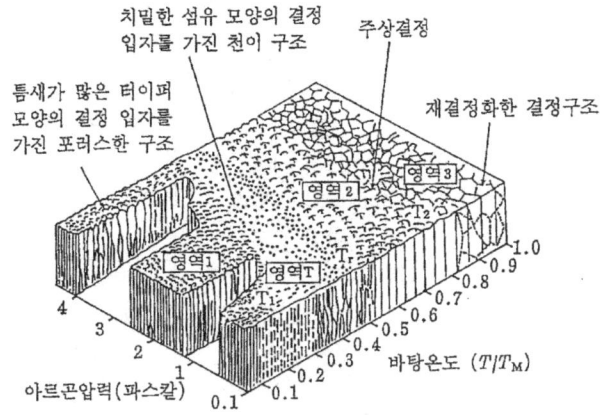

〈그림 6-5〉 손턴의 스퍼터 증착막 모형 (J.A. Thornton, J. Vac. Sci. Technol. 11, 1974, 666 [Amer. Inst. Physics]에서). 바탕 온도 T는 절대온도, TM은 그 물질의 녹는점

 이것은 일반적으로 말해서 옳다. 그러므로 스퍼터링을 하는 사람은 방전이 지속될 수 있는 범위에서 허용되는 한 낮은 압력으로 스퍼터 증착을 시도한다.

 스퍼터 증착막을 앞항에서 설명한 것처럼 승화에 비해서 20배 이상 높은 에너지를 가진 원자가 바탕에 뛰어들기 때문에 같은 바탕 온도라도 진공 증착에 비해서 치밀한 막이 만들어 진다.

 이것은 비유해서 말하면 막 지어낸 찹쌀밥과 그 찹쌀밥을 절구에 넣고 절구공이로 찧은 정도의 차이다.

 한편, 스퍼터링 증착에서는 방전에 쓴 가스(예를 들면 아르곤) 이온이 앞에서 설명한 것처럼 이온 주입 작용으로 막 속에 제대로 들어간다. 즉 이온을 콩에 비유하면 콩이 들어있는 인절미가 되어 있다.

〈그림 6-6〉 진공 증착과 스퍼터링의 비교

비교항목	진공 증착	스퍼터링
증발(스퍼터)원	좁은 면적으로부터의 증발	넓은 면적으로부터의 스퍼터
퇴적속도	비교적 빠름	비교적 늦음
퇴적 원자의 에너지	열에너지-0.1eV	훨씬 높음 2~4eV
퇴적막의 치밀성	상당히 좋음	더욱 뛰어남
바탕과의 밀착성	바탕의 깨끗함에 의함, 다소 떨어짐	바탕을 깨끗하게 하는 효과가 있음, 뛰어남
가스의 말려들기	전혀 없음	상당히 있음
증발(스퍼터) 재료의 선택	특히 고온에서도 녹기 어려운 재료는 증착하기 어려움	스퍼터 수량의 차이는 크지 않고 비교적 용이함

〈그림 6-6〉에 진공 증착과 스퍼터링을 비교하였다.

반도체 공업 분야에 한정해 보면, 최근에 스퍼터 증착은 진공 증착을 대신하여 많이 사용되고 있다.

왜 그런가?

첫째로 기술적인 이유를 들 수 있다.

스텝 커버리지(Step Coverage)라고 불리는 기술적 문제이다. LSI, 초LSI의 마이크로칩 배선은 알루미늄-실리콘 합금의 증착으로 만들어진다. 더욱이 절연막을 사이에 두고 가로·세로로 다층으로 배선되어 있다.

배선은 판판한 면 위만이 아니고 층으로 되어 있는 곳도 깨끗하게 끊이지 않고 이어져야 한다. 그런 단차(段差)가 있는 곳을 스텝(Step)이라 하는데, 이 단차를 넘어서 미크론 자리의 너비와 그 몇십 분의 1인 두께의 금속막이 끊기지 않고 이어져 있어야 한다.

이 문제에 대해서 스퍼터 증착은 진공 증착에 비해 뛰어나다.

진공 증착에서는 앞에서 얘기한 것처럼 증착 원자가 날아가는 방향이 빛과 같이 직전성(直前性)을 가지고 있어서 기판(基板) 위에서도 그늘이 되는 부분에는 붙지 않는다. 그 때문에 기판을 골고루 증발원에 드러나게 회전 치구(回轉治具 : 웨이퍼를 받치는 도구) 등을 써서 증착하는데, 까다롭고 복잡한 단차를 가지고 있는 칩을 끊김 없이 잘 배선하는 것은 상당히 어렵다. 그런 점에서 스퍼터링은 끊김이 없이 잘 배선할 수 있다. 이것을 전문 용어로 스텝 커버리지가 좋다고 한다. 그 이유는 스퍼터 원자가 가지고 있는 운동 에너지가 20배 이상 높으므로 기판에 날아온 증착 원자가 마지막으로 표면의 어딘가에 낙착할 때까지 표면을 움직이면서 낙착할 장소를 찾는다. 그 움직이는 거리가 진공 증착의 증착 원자에 비해서 스퍼터 원자 쪽이 훨씬 긴 것과 관계가 있다.

이를테면 표면을 원자나 분자가 움직여 돌아다니는 것을 표면 이동(Migration)이라고 부른다.

이 표면 이동이 활발하다는 이유 외에 스텝 커버리지가 좋아지는 원인 중에는 진공 증착보다 훨씬 높은 압력으로 스퍼터링이 이루어지는 것도 한 몫하고 있다.

어쨌든 스텝 커버리지가 좋다는 것은 스퍼터 증착의 첫째 특징이다.

둘째 특징은 넓은 면적의 소스(源)로부터의 퇴적이라는 것이다. 그 때문에 웨이퍼에 퇴적된 막의 균일성이 좋다. 진공 증착의 좁은 넓이의 증발원으로부터의 퇴적에 비해서 막의 균일성이라는 점에서 유리하다.

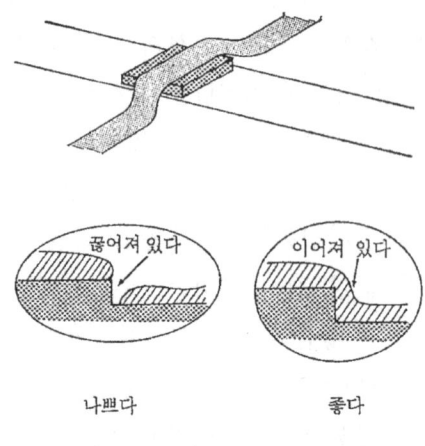

〈그림 6-7〉 스텝 커버리지

셋째로 취급에 숙련이 필요하지 않다는 것이다.

진공 증착과 스퍼터 증착을 비교하면 〈그림 6-6〉과 같이 일반적인 평가로서는 퇴적 속도(일정 시간에 표면에 퇴적하는 증착 원자 수, 즉 일정 시간에 만들어지는 막 두께)는 진공 증착 쪽이 빠르다. 즉 같은 막 두께로 증착하는 데는 진공 증착 쪽이 단시간으로 된다.

그러나 스퍼터 증착은 퇴적 속도는 늦지만 소스(源)의 취급이 단순하고 보통 작업에는 숙련 정도가 얕은 사람이라도 실패 없이 할 수 있다는 점이 있다. 그리고 정비해야 할 때까지의 시간이 길다(즉 실가동 시간이 길다)는 것도 유리한 점이다.

진공 증착의 증발원인 경우에는 증착 작업 중에 증발 재료를 자동적으로 필요량만큼 넣어주어도 역시 그 증발원의 취급은 숙련을 필요로 한다.

셋째 이유는 반도체 공장에서 컴퓨터 제어 장치를 로봇이 작동할 때도 이점이 된다.

위대한 실용적 진보—평판 마그네트론 스퍼터원

평판형 마그네트론 스퍼터 성막 장치(平板型, Magnetron Sputter 成膜裝置)는 1978년부터 실용으로 사용되기 시작하였다. 그리고 단숨에 큰 넓이의 스퍼터원(源)이 만들어져서 아차 하는 동안에 넓은 응용 범위를 가지게 되었다.

다소 전문적으로 되는 경향도 있지만 진공 공업 분야에서 아주 최근에 일어난 이 실용적 혁신에 관해서 언급하지 않을 수 없고, 또한 기술이 발전해 가는 방향을 가리키는 것으로 흥미 깊다.

그때까지의 스퍼터 성막의 주류는 2극 스퍼터링이었다.

5㎝ 쯤의 거리를 두고 평행으로 놓은 음극과 양극 사이에 글로 방전(Glow, 放電)을 만들어 음극 쪽에 스퍼터해야 하는 재료를 놓고 양극 쪽에 기판을 놓는다.

글로 방전으로 만들어진 플라스마로부터 이온이 나와서 음극에 들어간다. 그 이온에 의하여 음극에 놓은 재료의 스퍼터링이 일어난다. 음극 표면으로부터 스퍼터한 원자가 음극과 평행으로 놓인 양극에 퇴적하는 것이 평행 평판 2극 스퍼터링의 기본적인 사용법이다. 양극에 플러스, 음극에 마이너스의 직류 전압을 걸면 앞에서 얘기한 경우가 일어나는데, 플라스마로부터 양이온을 음극에 모으는 것은 다름 아닌 양극에 그것에 걸맞은 수의 전자를 모으게 된다.

그런데 그것으로는 형편이 나쁠 때가 있다.

하나는 기판에 전자가 들어가서 결함이 생기는 경우이다. 반도체 기판에서는 이것이 문제가 된다.

다른 하나는 석영(SiO$_2$) 판을 음극에 놓고 스퍼터할 때와 같이 스퍼터하는 물질이 절연물인 경우이다. 양극에도 절연물의 막이 퇴적한다. 이 경우에는 전하가 자꾸 축적되어 끝내 절연 파괴를 일으켜 버린다.

이런 경우에는 직류 전압을 거는 대신에 13.57MHz의 고주파를 건다.

고주파가 걸리면 전자와 이온 운동에 직류 때와 다른 일이 생긴다. 고주파에서는 음극과 양극 역할이 눈부신 정도로 뒤바뀌는데, 전자가 이 양극 사이를 지나는 시간이 고주파의 플러스에서 마이너스로 전화되는 시간에 비해 길어지면 플라스마 속의 전자는 전극으로 들어가지 못하고 단지 플라스마 속을 왔다 갔다 하게 될 뿐이다.

전자의 움직임을 공의 움직임으로 비유하면 알기 쉽다.

소년이 길이 1m, 너비 20㎝ 정도의 판을 수평으로 들고 있는 모습을 상상하기 바란다. 그 판 위에는 고무공이 놓여 있다. 소년은 판을 기울여서 공을 굴린다. 단지 기울이기만 해서는 굴러 떨어진다(직류의 경우에 해당한다).

소년은 공을 판에서 떨어뜨리지 않으려고 한 쪽 끝에 공이 다가갔을 때에 판 기울기를 반대로 한다. 그렇게 하면 공은 반대 방향으로 판 위를 굴러간다. 이런 놀이를 되풀이하면 공은 판 위에서 긴 쪽 방향으로 왕복 운동을 되풀이 한다.

13.56MHz라는 주파수는 그런 일이 일어나는 주파수이다. 그런데 한편 이온 쪽은 전자에 비해서 훨씬 늦게 움직일 수밖에 없다. 전자가 플라스마 속을 재빨리 왕복하고 있는 동안에도 이온 쪽은 느릿느릿하게 움직이거나 멎기는 하지만 방향을 바

6. 플라스마 프로세스—스퍼터링   107

〈그림 6-8〉 13.56 MHz를 사용하는 이유

꾸지 않고 한쪽 극으로 천천히 움직여 간다.

　이것은 절연물을 스퍼터링할 때 유리하다. 기판에 전하가 축적되어 전압이 자꾸 상승되는 일이었으므로 유리하다.

　그러므로 평행 평판 2극 스퍼터링에서는 목적에 따라 직류나 고주파를 쓰고 있다.

　음극과 양극 배치에 여러 가지 고안을 하거나, 제3의 전극이나 제4의 전극을 덧붙이거나, 방전의 지속을 쉽게 하기 위하여 자기장(磁氣場)을 가하기도 하였다.

　자기장이 어떤 일정한 세기를 넘으면(이것을 컷오프 자기장이라고 하는데) 전자는 음극을 나가서 양극에 도달하지 못하게 된다. 그리고 양극 사이에서 나선 운동을 계속한다. 이것이 마그네트론의 원리이다. 가정에서 사용하는 조리용 전자레인지의 마그네트론관은 진공 중의 열전자가 그런 운동을 하는 것을 고주파

발진에 이용하고 있는데, 플라스마 속에서 생긴 전자에도 마그네트론 운동은 성립된다.

마그네트론 방전을 사용한 스퍼터링에 하나의 발상 전환이 일어났다.

음극과 양극을 맞대어 놓는 대신에 양극을 나란히 놓으면 어떻게 되는가? 몇 가지 선구적인 발명이 있고 나서 결국은 〈그림 6-9〉와 같은 한 장의 평판 스퍼터원이 탄생하였다.

이렇게 되면 어떤 좋은 일이 일어나는가를 먼저 설명하겠다.

그때까지는 기판을 양극에 놓았다. 이제는 그럴 필요가 없어졌다는 것의 의의는 아주 크다.

진공 증착을 상상해 보기 바란다. 증발원 위는 기판을 자유롭게 놓을 수 있는 공간이었다. 거기에서 기판을 돌리든 어떻든 증발은 그것과 관계없이 할 수 있었다.

평행 평판 스퍼터 성막에서는 그것을 할 수 없었다. 그 약점을 평판형 마그네트론에서는 완전히 극복하여 진공 증착과 같이 사용하게 되었으므로, 더욱이 진공 증착의 증발원에서는 기대할 수 없는 넓은 면적의 전극으로부터 스퍼터 증착이 될 수 있었으므로 고마웠다. 또한 성막 장치 구성이 단순해져서 편리했다.

이것이 평판형 마그네트론 스퍼터링이 급속하게 보급된 이유이다.

그래서 어떻게 좋은 일이 되었는가?

그것을 먼저 설명한다.

먼저 평판 캐소드의 뒤쪽에 영구 자석을 둔다. 자기극(磁氣極)은 N과 S를 그림과 같이 배치한다. 자기장의 세기는 캐소드(음극)의 앞면에서 (자기력 선속 밀도 단위로) 200에서 500G 정도로

6. 플라스마 프로세스—스퍼터링   109

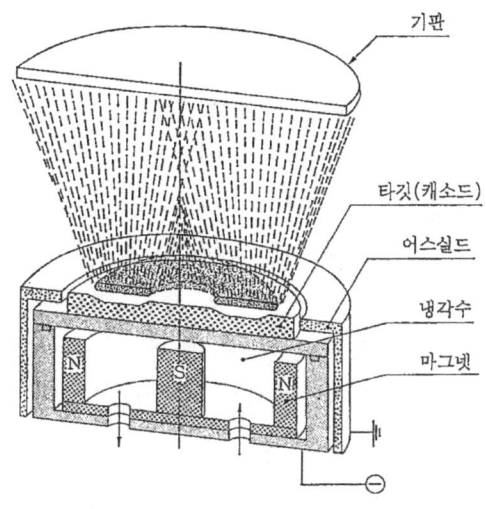

〈그림 6-9〉 고리 모양 평판 마그네트론 스퍼터원

한다. 그림과 같은 배치로는 자기력선은 N에서 나와 S로 들어가는 동안에 캐소드 앞면 공간의 단면이 거의 반원형의 끈과 같은 모양으로 생긴다. 이것은 전문 용어로 말하는 트로이덜 자기장(Troidal 磁氣場)을 만들고 있다. 즉 자기력선의 끈을 고리 모양으로 (또는 나중에 얘기하는 직사각형의 캐소드에서는 경기장의 경기 트랙과 같이) 캐소드 앞면에 만드는 것이 첫째로 중요한 점이다.

그리고 이 캐소드 앞면에 글로 방전(Glow, 放電)을 일으키게 한다. 방전에 필요한 가스 압력은 0.1에서 1파스칼 정도이며 방전 전압은 300에서 700V이다.

일단 글로 방전이 일어나면 플라스마 속에 있는 전자는 트로이덜 자기장 속에서 지름 1㎝ 쯤의 나선 궤도를 그리면서 이 자기장의 끈이나 터널이라고 하는 그 속에 갇힌 채 이동해간다

(이를테면 캐소드에서 나온 전자는 캐소드에 들어갈 수 있는데, 플라스마 속에 생긴 전자는 캐소드에 들어갈 수 없으므로 나선 운동을 계속할 수밖에 없다). 이것이 둘째로 중요한 점이다. 나선 운동을 하는 전자는, 이를테면 1파스칼에서는 나선의 둘레 길이로 하여 15㎜ 나아갈 때마다 가스 분자와 충돌한다. 전자와 분자의 충돌의 몇 십 번이나 몇 백 번에 한 번은 부딪친 분자로부터 전자 한 개를 되 튕기는 것 같은 충돌 방식을 취한다. 전자와 분자의 충돌의 몇 십 번이나 몇 백 번에 한 번은 부딪친 분자로부터 전자 한 개를 되 튕기는 것 같은 충돌 방식을 취한다. 이때 분자는 이온이 된다. 전자가 튀어나갔으므로 양이온이 된다. 양이온은 자기장 속에서 그다지 휘지 못하므로 전기장에 의해 가속되면서 캐소드에 들어간다. 이것이 셋째로 중요한 점이다.

캐소드에 들어간 이온이 캐소드 표면에서 원자를 스퍼터하는 것은 말할 것도 없다. 즉, 방전(이 경우에는 마그네트론 방전이라고 부르자)은 고리 모양의 자기장(직사각형 캐소드에서는 경기 트랙 모양의 자기장) 속에 갇혀 있고, 거기에서 생긴 양이온이 캐소드에 충돌한다.

평판형 마그네트론 방전 모양을 보면 〈그림 6-10〉과 같이 마그네트론 방전의 끈을 분명히 볼 수 있다.

평판형 마그네트론 스퍼터 장치에서는 원형 소스와 직사각형 소스가 실용에 쓰이고 있다. 직사각형 쪽은 주로 큰 넓이의 스퍼터링 소스로 사용되고 있어서 그중에는 창문만한 치수가 되는 큰 것도 만들어지고 있다.

6. 플라스마 프로세스―스퍼터링   111

〈그림 6-10〉 직사각형 평판 마그네트론 스퍼터원

스퍼터 증착의 마무리

3장에서 5장까지 진공 증착을 중심으로 감기 증착, 이온 플레이팅으로 얘기를 진행시켜 왔다. 그것에 대응하는 형태로 6장에서 스퍼터 증착을 얘기했다.

스퍼터링이라는 현상 그 자체는 이온에 의하여 충격 받은 표면으로부터 표면 원자가 공간으로 튕겨지는 현상이다. 이것을 성막에 이용하는 데는 플라스마에서 꺼낸 이온을 사용한다. 그런 의미에서 스퍼터 증착은 플라스마 프로세스이다.

스퍼터 증착은 진공 증착과 다른 특징을 가지고 있는데, 그 중에서도 진공 중에서 증발하기 어려운 물질이지만 스퍼터링은 쉬운 것 가운데 실용적으로 중요한 물질이 상당히 있어서 그 성막에 많이 쓰이고 있다.

가장 좋은 예는 석영이나 알루미나 같은 절연물 외에 텅스텐, 탄탈, 몰리브덴 같은 고온에서 잘 녹지 않은 금속의 증착일 것이다. 진공 증착으로는 손을 들지만, 스퍼터 증착이면 알루미늄이나 실리콘의 스퍼터 수량과 큰 차가 없으므로 쉽다고 할 수 있을 것이다.

또한, 스퍼터원(源)이 넓은 면적을 가지고 있다는 것이, 성막하는 데에 유리함을 살린 사용법이 실시되고 있다는 것에 대해서도 앞에서 얘기했다. 그런 관점에서 특히 평판형 마그네트론 스퍼터원이 뛰어난 개선이었다는 것을 특히 강조하고 싶다.

스퍼터 성막은 최근에 진공 증착 대신 반도체 초LSI 공장의 성막 프로세스에 많이 사용되었다. 그에 따라서 성막 장치로서 1μ 이하의 먼지 문제가 아주 까다롭게 거론되었다. 그것에 관해서는 본문 중에 거론하지 못했지만 실용상은 아주 중요한 문제이다.

먼지에 대해서 엄격한 요청이 있다는 점에서는 자기 디스크나 광자기 디스크의 자기성 박막 스퍼터링도, 비디오 디스크의 마스터의 스퍼터링도 꼭 같은 문제를 안고 있다. 프로세스 중에 1μ 이하의 먼지조차 발생하지 않는 스퍼터 성막 장치는 반도체 공업을 선두로 하는 전자 공업 분야에서 널리 요청되고 있는 실정이다.

그러나 스퍼터 증착이 뛰어난 성막 수단이기는 하지만 문제점이 없는 것은 아니다.

그 첫째는 플라스마로부터 기판에 하전 입자(荷電粒子)나 고속 중성 입자가 들어가는 것이다. 기판이 실리콘 웨이퍼이면 실리콘 기판에 손상을 주는 것을 걱정해야 한다. 보통 스퍼터 증착이 웨이퍼 프로세스에 사용되고 있는 것은 손상의 영향이 적은 부분이다. 궁극적으로는 하전 입자는 없앨 수는 있어도 고속 중성 입자는 없앨 수 없다. 그것을 성막에 방해가 되는 곳에서 사용할 수 없다. 당연한 일이지만 그런 세심한 곳에도 성막이 필요해지고 있다.

두 번째 문제점은 스퍼터 성막에 의하여 만든 박막은 방전에 사용한 가스가 막 속에 함유되고 있는 외에, 주의 깊게 하지 않으면 가스 속에 섞여 있는 불순물이나 플라스마가 진공 용기의 벽에 충돌함으로써 벽 표면에 흡착되어 있던 불순물 분자를 진공 공간에 튕겨 나오게 하여 플라스마의 가스 순도(純度)를 낮춰버리는 일이다. 또한 직접 실리콘 기판으로 날아와서 기판 표면을 오염시키는 것도 무시할 수 없다. 플라스마 프로세스는 주의 깊게 하지 않으면 깨끗한 박막이 성막되지 않는 것이 문제이다.

깨끗한 박막을 만들려면 아무래도 초고진공 기술과 그것을 기초로 하는 깨끗한 진공을 만드는 기술이 필요하다. 그래서 다음 7장에서는 초고진공 기술의 본질과 그것이 표면 과학에 어떻게 쓸모 있었는가를 소개하고 그 표면 과학의 지식이 깨끗한 박막의 생성에 어떤 구실을 하였는가를 얘기하겠다.

7. 초고진공 I—깨끗한 진공을 만든다

깨끗한 진공과 초고진공 기술

이 장에서는 잠시 성막 기술에서 떠나서 깨끗한 진공을 만드는 얘기를 하겠다. 그것은 초LSI 제조에 요구되는 성막 기술이 필연적으로 깨끗한 박막 생성이고, 깨끗한 박막 생성에는 깨끗한 진공이 불가결하기 때문이다. 그리고 장황한 것 같지만 깨끗한 진공 생성에는 초고진공 기술이 불가결하다.

왜 깨끗한 진공이 필요한가?

그 이유는 지금까지 기회가 있을 때마다 얘기해 왔다. 그렇지만 여기에서 새삼스럽게 다시 얘기하겠다.

진공 증착이라도, 스퍼터 증착이라도 좋으니 기판 위에 매초 1㎠당 10^{15}개(1000조 개)의 원자가 퇴적되어 있는 상태를 상상해 보기 바란다.

이 숫자는 1초간에 1원자 층씩(또는 약 0.3㎜의 두께씩) 증착 원자가 나란히 가는 속도와 같다.

그런데 진공 중에 존재하는 기체 분자 수는 10^{-5}파스칼의 압력에서 실온인 때, 예를 들면 그 기체가 질소라고 하면 1㎤당 2.4×10^9개(24억 개)가 된다. 이 압력과 온도 조건에서 표면에 충돌하는 질소 분자 수는 매초 1㎠당 3×10^{13}개(30조 개)이다. 산술적으로 말하면 증착 원자의 3%의 질소 분자가 표면에 충돌하게 된다. 증착막, 특히 활성 금속의 증착막 표면은 활성 가승에 대해서 화학 반응을 일으키기 쉽다. 만일 뛰어 들어온 활성 가스 분자를 증착막 표면이 전부 포착한다고 하면, 앞의 조건으로 만든 막은 3%의 가스 불순물을 함유한다. 뛰어 들어온 가스 분자가 전부 표면에서 포착되는 것을 응축 계수(凝縮係數)가 1이라고 하고, 붙지 않고 원래의 진공 쪽에 전부 되돌아가는 것을 응축 계수가 0이라고 한다. 그러면 일부분에만 붙고 나머지는 붙지 않는 상태는 0에서 1 사이의 수로 나타낼 수 있다.

진공 속에서 보통 남아 있는 가스는 수증기, 일산화탄소, 수소 등이다. 뒤에서 자세히 얘기하겠지만, 진공계가 더러우면 이상의 가스 외에 탄화수소 분자가 섞인다.

실리콘이나 갈륨-비소 표면의 활성 가스에 대한 응축 계수는 1에 비해서 작지만 0은 아니다. 만일 0.1이라고 하면, 앞의 증착 조건으로 만든 박막은 0.3%의 가스 불순물을 함유한 것이 된다. 이것은 반도체에게는 큰 문제이다. 10^{-5}파스칼(100억분의 1기압)이라는 압력값은 초고진공과 고진공 영역의 경계값이다. 예를 들면 3ppm(100만분의 3)으로 가스 불순물 레벨로 억제하려고 하면 진공을 3자리 더 올려야 한다. 즉 10^{-8}파스칼(10조분의 1기압)로 할 필요가 있다.

이 10^{-8}파스칼이라는 값은 공장에서 만들 수 있는 초고진공으로는 최고값이다. 어지간한 기술로는 만들 수 없다.

초고진공 기술은 이런 형태로 깨끗한 박막의 생성 기술에 관계한다.

물리 흡착과 슈퍼벌

기름 증기 분자는 깨끗한 진공의 큰 적인데, 왜 그렇게 기피되어야 하는가를 얘기하겠다.

〈표 7-1〉 실온에서의 기체 분자의 물리 흡착의 평균 흡착 시간. 여기서 물리 흡착열 단위는 kJ/mol이다

가스 분자의 종료		물리 흡착의 흡착열	편균흡착시간(20℃)
수소	H_2	0.92	100펨토초(10^{-13}s)
산소	O_2	6.7	1피크초(10^{-12}s)
메탄	CH_4	9.13	10피크초(10^{-11}s)
수증기	H_2O	44.2	10마이크로초(10^{-5}s)
기름종이	DOP	93.8	1000초(10^3s)

그것은 1장에서 '대시먼의 진공 기술책은 기체 분자 운동론의 세계, 공간 우세의 세계, 이를테면 구약 성서이다. 반면 알퍼트 이후의 초고진공 기술은 표면 과학의 세계, 표면 우세의 세계이며, 이를테면 신약 성서에 해당한다'는 것을 얘기했는데 이것과 깊이 관계가 있다. 그리고 물리 흡착의 좋은 실례가 되고 있다.

조금 완곡한 얘기가 되지만 물리 흡착 얘기부터 시작하기로 한다.
가스 분자가 고체 표면에 뛰어들면 많든 적든 반드시 표면에 얼마간 머문 뒤에 다시 표면에서 진공 공간으로 날아간다. 평균적으로 표면에 머무는 시간을 평균 흡착 시간이라고 부른다. 이 평균 흡착 시간은 바탕과 가스 분자의 짝 및 바탕과 가스 분자의 각 온도에 따라서 대폭적으로 다르다.
실온에서 각 기체 분자의 물리 흡착의 평균 흡착 기간은 대략 〈표 7-1〉과 같이 된다.

이 표를 통해 평균 흡착 시간이 흡착열의 함수인 것을 보이고 싶었다.

즉 수소와 같이 흡착열이 작은 가스는 흡착 시간이 짧다. 시간이 짧은 쪽을 재는 단위에 나노초(10^{-9}초), 피코초(10^{-12}초), 펨토초(10^{-15}초)가 있다.

수소의 평균 흡착 시간은 겨우 100fs으로 그것이 얼마나 짧은가를 이해하기 위해서는 표면에 배열되어 있는 격자 원자의 진동 주기와 비교해 보면 된다. 격자 진동 주기는 100fs의 자릿수이다. 즉 수소 원자는 표면에 와도 표면의 격자 원자가 두세 번 덜덜 떠는 동안에 뛰어가 버린다.

예전에 드 보어라는 물리학자는 이 기체 분자가 표면에 일단 흡착하고 다시 진공 공간으로 뛰어나가는 모양을 벌에 비유하였다. 그는 그것을 슈퍼벌이라고 이름 붙였다(슈퍼맨으로부터의 연상일까?). 확실히 하나하나의 기체 분자에 주목하여 그 물리 흡착 모양을 상상해 보면 꽃에서 꽃으로 날고 있는 벌이 상상된다.

그런 의미에서 수소는 아주 바쁘고 성급한 슈퍼벌이다.

보통 영구가스라고 하는 질소, 산소, 일산화탄소, 메탄 등은 수소에 비하면 흡착 시간이 길지만, 그래도 피코초 자리로 재도될만한 시간의 길이다. 느긋하게 꿀을 모으는 슈퍼벌쯤 된다. 그것에 비하면 수증기 분자는 놀랄 만큼 긴 시간동안 표면에 흡착하고 있다. 실온에서는 마이크로초 자리가 된다. 이것이 수증기 분자의 진공 중에서의 행동을 몹시 복잡하게 하고, 또한 특이하게 하고 있다.

실은 진공 기술의 세계에서 이것을 처음으로 지적하고 새로운 시대의 진공 연구는 흡착 현상에 대한 배려 없이는 불가능하다는 것을 주장한 것은 하야시(林主税) 박사이다. 그는 1956

년에 쓴 논문에서 그것을 말하고 있다. 이런 선견지명이 있는 견식이 있었으므로 일본의 초고진공 기술은 미국과 거의 때를 같이하고 발전되어 왔다.

또한 슈퍼벌의 행동은 온도와 흡착열 함수로 표시된다. 그것은 초고진공 기술이나 표면 과학의 기초가 되는 중요한 현상이므로 칼럼에 해설해 두었다. 자세한 것은 7장의 칼럼 '슈퍼벌의 행동(흡착 시간의 추정)'을 보기 바란다.

기름 증기 분자의 특이한 행동

수증기 문제는 뒤에서 얘기하기로 하고 여기서는 기름 증기 분자로 되돌아가기로 한다.

〈그림 7-1〉을 보면 수증기 분자에 비해서 기름 증기 분자는 자릿수가 다르게 긴 흡착 시간을 가진 것을 알게 된다. 하나하나의 기름 증기 분자를 눈으로 볼 수 있다면 스톱워치로 잴 만큼 길다.

도미나가[전 도쿄(東京)대학 공학부 교수, 도호(東邦)대학 이학부 교수] 교수는 이 모양을 앞서의 슈퍼벌에 견주어 슈퍼지네라고 했다. 기름 증기 분자는 탄소와 수소의 화합물인데, 탄소가 결합된 몸통 양쪽에 많은 수소 다리가 붙어 있다. 그렇게 보면 틀림없이 지네처럼 보인다. 슈퍼지네 다리는 수소이므로 꽃 위에서 바쁘게 움직인다. 그러나 그 슈퍼지네가 온몸을 꿈틀거리면서 공중에 날아오는 데는 많은 시간이 걸릴 것이다.

이렇게 상상하면 기름 증기 분자와 흡착 시간이 긴 것을 이해할 것이다.

진공 기술에 있어서 기름 증기 분자의 특이한 역할을 지적한 것도 수증기 분자의 그것과 마찬가지로 하야시(林主稅) 교수인

7. 초고진공 I — 깨끗한 진공을 만든다   119

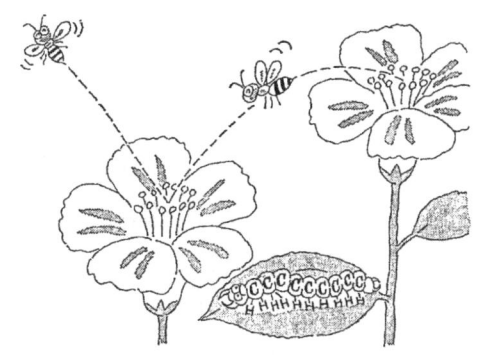

〈그림 7-2〉 슈퍼벌과 슈퍼지네

데, 도미나가(富永五郞) 교수는 유리 위에 물리 흡착하는 기름 증기 분자의 평균 흡착 시간을 측정하고 있다.

그러한 실증적인 연구를 통하여 기름 증기 분자가 깨끗한 진공계(眞空系)를 천천히 시간을 들여 더럽히는 모양을 알게 되었다.

이를테면 DOP라는 기름은 실온에서 약 1000초라는 평균 흡착 시간을 가지고 있다. 기름 증기의 증발원에서 튀어나간 기름 증기 분자가 진공 벽에 충돌할 때마다(평균하여) 1000초간 표면에 흡착하고 나서 다시 진공 속으로 튀어나가 다른 벽에 도달한다. 거기서 1000초 쉬고 나서 다시 튀어나간다. 기름 증기 분자는 이런 운동을 하면서 점점 깨끗한 진공을 더럽혀 간다.

기름 증기 분자가 기피되는 이유는 이 긴 흡착 시간과 밀접한 관계가 있다.

예를 들면, 2,000회 진공의 벽에 흡착하면서 기름 증기 분자가 초고진공 공간에 도달한다고 하자. 그러면 산술적으로 2만초, 즉 5~6시간 중에 초고진공 용기는 더러워지기 시작한다.

그리고 초고진공 용기에 도달한 기름 증기 분자는 차례차례로 용기 벽에 축적되어 간다.

여기서 표면에 흡착되어 있는 분자 수와 공간에 존재하고 있는 분자 수의 극단적인 불균형이라는 초고진공의 전형적인 예를 볼 수 있다. 이를테면, DOP의 실온에서의 포화 증기압은 겨우 10^{-6}파스칼(1000억분의 1기압) 수준이다. 진공 용기 속에 다른 가스 분자가 전혀 없고 이 기름 증기 분자만으로 차 있어도 압력으로서는 초고진공 영역에 있다. 그러나 이것으로는 깨끗한 진공이라고는 할 수 없다. 이 진공 용기 속에 갑자기 깨끗한 기판(基板)을 넣어 주면 겨우 3분 이내에 표면은 모두 기름 증기 분자의 단분자층(單分子層)으로 덮이기 때문이다.

깨끗한 기판 위에 기름 증기 분자의 단분자층이 생겨버리면, 그것은 원래의 기판과는 전혀 아무런 관계도 없는 이물층, 오염층이 생겼다고 볼 수 있다.

이러한 기름 증기 분자의 오염이 없다는 것이 초고진공의, 그리고 깨끗한 진공의 가장 중요한 점이다.

기름 증기 분자의 역류

또 하나로 기름 증기 분자에 의한 초고진공의 오염 문제에 있어서 진공배기계(眞空排氣系)의 영향에 관해 얘기하겠다. 앞의 얘기가 과도 상태(過渡狀態)에 관한 것인데 반해 이 얘기는 바닥 상태에서의 영향에 관한 것이다.

〈그림 7-4〉는 전형적인 진공 배기계의 약도이다. 메인 펌프와 홀딩 펌프가 몇 개의 진공 펌프와 함께 그려져 있다. 배기계는 보통 이렇게 두 개의 펌프 조합으로 만들어진다. 어떤 메

7. 초고진공 I —깨끗한 진공을 만든다

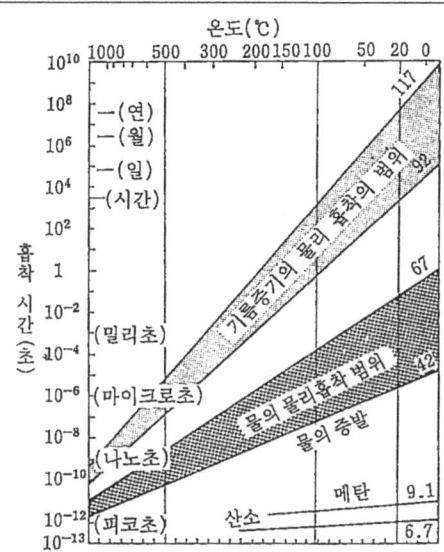

〈그림 7-3〉 흡착 시간과 흡착열과 온도 관계

슈퍼벌의 행동(흡착 시간의 추정)

평균 흡착 시간(τ초)은 흡착면의 절대 온도(T캘빈)와 흡착열(E줄/몰)의 함수이다. 기체 상수를 R(8.314줄/1몰/캘빈), 상수 τ_0(초)라고 하면

$$\tau = \tau_0 \exp(E/RT)$$

라는 관계식이 된다.

여기서 τ_0는 프렌겔(Frenkel)에 따르면 약 100fs(10^{-13}초)의 크기를 가지며 흡착 분자의 표면에 수직 방향의 진동 주기와 같다. 본문에서는 흡착면의 온도를 바꾸었을 때의 행동에 관해서는 얘기하지 않았으나 식에서 알 수 있는 것처럼 절대 온도의 지수 함수로서 변화한다. 〈그림 7-3〉에 진공 기술에서 중요한 기름 증기와 수증기의 흡착 시간을 보였다.

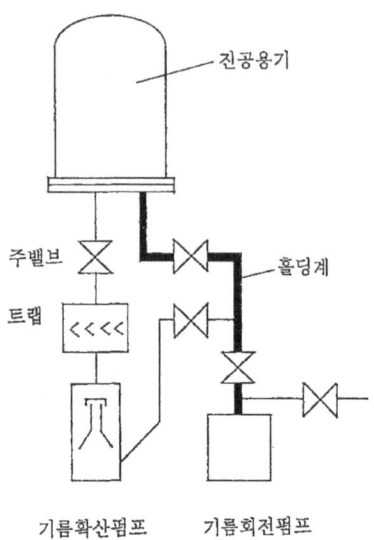

〈그림 7-4〉 간단한 진공 배기계

인 펌프도 단독으로는 사용할 수 없고, 반드시 메인 펌프가 동작하는 데까지 가져가는 홀딩 펌프가 필요하다. 홀딩 펌프는 보통 기름 회전 펌프를 사용하고 있다.

그런데, 기름 회전 펌프로 대기압에서 진공 용기를 홀딩해 가면, 처음에는 진공 요기와 펌프 사이에 한 방향으로 공기의 흐름이 있다. 그 동안 진공 용기는 홀딩 펌프에 의해서 오염되지 않는다. 그러나 배기계의 압력이 100파스칼보다 낮아지면 얘기는 복잡해진다.

그것은 공기 흐름이 희박해짐에 따라 기름 회전 펌프로부터 기름 증기 분자의 역류(逆流)를 무시할 수 없게 되기 때문이다. 이 프로세스는 희박한 기체 속을 기름 증기 분자가 확산하는 프로세스이다.

배기계 압력이 100파스칼보다 낮아지면 갑자기 기름 증기 분자에 의한 오염이 두드러진다. 그러므로 깨끗한 진공을 만들려고 할 때에는 기름 회전 펌프에서의 배기는 100파스칼로 그치고 다른 깨끗한 펌프로 다시 좋은 진공으로 배기해 주어야 한다.

기름 확산 펌프로는 깨끗한 진공을 만들 수 없다

같은 배려는 메인 펌프에도 필요하다. 홀딩 펌프에서 메인 펌프로 배기를 전환한 뒤에 메인 펌프로부터 기름 증기 분자가 자꾸 보급되면 깨끗한 진공은 달성되지 못한다.

그런 이유로 기름 확산 펌프는 초고진공용 펌프나 깨끗한 진공용 펌프로서도 알맞지 않는다. 설사 엄중한 액체 질소 트랩이 붙어 있더라도 기름 확산 펌프는 깨끗한 진공을 만드는 데는 적합하지 않다. (트랩은 '덫'이라는 뜻이다. 저온면에서 기름이나 수증기가 충돌하면 거기에서 응축한다. 응축면으로부터 재증발이 무시될 수 있을 만큼 저온으로 유지해 두면 거기에 온 기름이나 물의 증기 분자를 '덫'에 빠뜨려서 잡고 놓치지 않게 할 수 있다. 기름이나 물의 증기 분자의 통로에 트랩을 놔두면 증기 분자는 그곳에서 잡힌다. 한편, 그 온도의 저온면에서는 응축하지 않는 기체 분자만이 지나갈 수 있다. 여기에서는 그런 트랩을 말한다)

이 의논은 15년이나 전에 결론이 나왔다고 생각하는데, 때때로 새삼스럽게 생각난 것처럼 재연된다.

기름 확산 펌프로 깨끗한 진공을 만들 수 있다고 주장하는 사람들이 드는 근거는 '측정 감도가 더 높은 사중극 질량 분석계(四重極質量分析計)라도 방해가 되는 탄화수소의 피크는 찾을 수 없기 때문'이라는 것이다. 그것이 터무니없는 이유는 첫째로

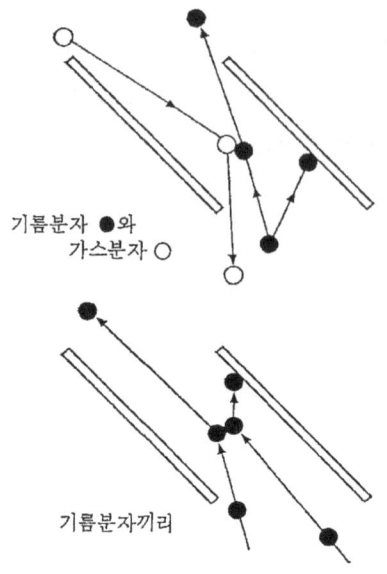

〈그림 7-5〉
기름분자끼리와 기름분자와 기체분자의 충돌

분석계 감도가 아무리 좋아도 10^{-12}파스칼보다 좋지 않다는 것과 둘째로 '표면'에 존재하는 기름 증기 분자를 질량 분석계가 측정하는 것이 아니기 때문이다. 표면과 공간의 극단적인 불균형을 이미 읽은 독자는 필자가 말하려고 하는 것을 알아차렸을 것이다.

이 배기계로 만든 초고진공계의 '표면'은 더럽다.

왜 그렇게 더러운가 하면 기름 확산 펌프는 기름 증기의 발생 원리라는 것은 틀림없고 액체 질소 트랩 면에 충돌한 기름 증기 분자를 잡는 데는 쓸모 있지만, 트랩 면에 충돌하지 않은 분자에 대해서는 아무 작용도 하지 못한다는 지극히 당연한 일

때문이다. 트랩에는 그 공간을 기체 분자가 트랩 면과 충돌하면서이지만, 기체 분자가 지나기 위한 공간이 있다. 만일 기름 증기 분자가 한 번도 트랩 면과 충돌하지 않고 지나가게 되면 그 기름 증기 분자는 초고진공 공간으로 들어갈 수 있다. 양을 줄일 수는 있어도 이 충돌하지 않고 지나가는 기름 증기 분자를 0으로 하는 것은 불가능하다. 왜냐하면,

(1) 기름 증기 분자와 기체 분자의 충돌 찬스가 있다

(2) 기름 증기 분자끼리의 충돌 찬스가 있다.

는 것이 0이 아니기 때문이다. (1)쪽은 그때의 압력에 관계된다. 평균 자유 행정이라는 것은 모든 분자가 같은 거리를 비행한다는 것은 아니다. 그것보다 길게 비행하는 것도 있고, 그것보다 훨씬 짧게 비행하는 것도 있다는 것을 뜻한다. 그러므로 이 경우에 평균 자유 행정이 트랩의 액체 질소면 사이의 대표적 거리보다 긴 압력이라도 기름 증기 압력과 기체 분자가 공간에서 충분히 충돌할 수 있는 것이다.

압력이 높은 영역에서는 (1)의 이유에 따라, 압력이 낮은 영역에서는 (2)의 이유에 따른 것이 기름 증기에 의한 오염의 주요 원인이 된다.

이것이 필자가 말하는 기름 확산 펌프는 초고진공에 적합하지 않다는 증거이다.

초고진공 펌프의 삼총사

기름 확산 펌프가 초고진공 펌프로 적합하지 않다고 하면 과연 무엇이 적합한가?

현재 초고진공 및 깨끗한 진공용에 사용되고 있는 펌프는 3

종류가 있다. 스퍼터 이온 펌프, 터보 분자 펌프, 크라이오 펌프(Cryopump)이다.

자세한 것은 진공 기술의 전문서를 보기로 하고 여기서는 각 펌프의 원리적인 것만 소개하기로 한다.

(a) 스퍼터 이온 펌프

스퍼터 이온 펌프는 초고진공 기술의 극히 초기부터 사용되고 있다. 1985년에 미국의 바리언사의 기사였던 L.D. 홀에 의해서 발명된 이 펌프는 곧 세계에서 초고진공 생성에 사용되었다.

이 펌프의 원리는 가스 이온에 따른 티탄의 스퍼터링을 이용한 것이다.

가스의 이온화를 초고진공 영역의 압력이라도 지속시키기 위하여, 강한 자기장 속에서 방전—페닝(Penning) 방전—을 이용한다. 페닝 방전이란 〈그림 7-6〉과 같이 두 개의 캐소드(음극)와 그 사이에 있는 원통 애노드(양극)에 대해서 축방향으로 자기장을 건 속에서 일어나는 방전이다. 글로 방전이 꺼져버리는 낮은 압력이라도 방전을 지속시킬 수 있는 자기장 중의 방전의 일종이다.

이 페닝 방전으로 이온화되는 가스는 물론 초고진공계 내에 남아 있는 가스이다. 〈그림 7-6〉과 같은 배치를 보통 쓰고 있다. 캐소드 재료는 티탄을 쓰고 있다. 이온이 충돌되면 캐소드로부터 원자가 스퍼터한다. 티탄은 아주 활성적인 금속으로 활성 가스를 능률적으로 흡착해 버린다. 애노드(양극)라도 캐소드(음극)라도 주위의 벽이라도 티탄막이 퇴적된 곳은 모두 가스를 흡착한다.

수소, 산소, 질소, 일산화탄소, 수증기, 그 밖의 많은 활성

7. 초고진공 I — 깨끗한 진공을 만든다   127

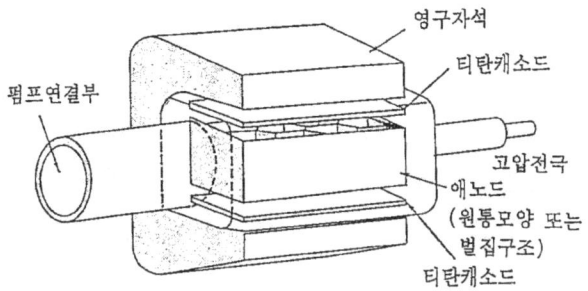

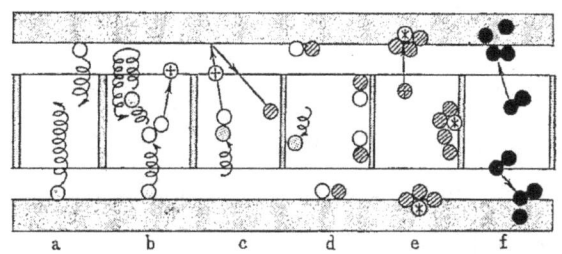

○ 전자 ○ 기체분자 ⊕ 기체이온 ⦵ Ti원자 ⊛ 고속중성입자,
◯⦵ Ti 화합물 ● 수소원자

〈그림 7-6〉 스퍼터 이온 펌프

(a) 1차 전자의 생성과 나선궤도 (b) 1차 전자와 기체분자의 충돌에 의한 2차 전자와 이온의 생성, 2차 전자는 음극에 넣지 않는다. (c) 이온이 음극을 충격하여 티탄원자를 스퍼터 한다. (d) 티탄원자가 활성기체분자를 흡착한다. (e) 이온은 음극 내에 잡히거나 고속중성입자로서 산란하여 양극이나 음극에 잡힌다. (f) 수소원자는 음극 내로 확산한다.

가스는 이 원리로 배기한다.

헬륨이나 아르곤과 같은 희유기체 및 메탄과 같은 화학적 활성이 약한 가스는 이온으로서 캐소드 면에 임사하여 거기에서 잡히고 그런 형태로 배기한다.

이 펌프 속에서 돌아다니는 것은 전자와 이온과 가스 분자뿐이고, 기계적으로 움직이는 것은 아무것도 없다. 동작 압력까지 홀딩한 다음에 홀딩계를 격리 밸브로 떼어놓고 스퍼터 이온 펌프만으로 초고진공으로 배기할 수 있다. 그 특징을 살려서 초고진공계를 장시간 초고진공으로 유지하는 데 사용하고 있다.

이 스퍼터링 이온 펌프를 표면 과학(表面科學)의 실험 장치로 많이 쓰고 있는데, 그중에서도 대규모로 쓰고 있는 것은 거대 입자 가속기의 배기계일 것이다. 1960년대로부터 새로 건설되는 입자 가속기에는 주배기용에 스퍼터링 이온 펌프가 서서히 채용되었고 종래의 기름 확산 펌프계가 이제는 모조리 이것과 대체되어 버렸다.

(b) 터보 분자 펌프

터보 분자 펌프가 처음 만들어진 것은 지금부터 60년도 전의 일이었는데, 오랫동안 극히 일부 연구자만 사용하고 있었다고 해도 넓은 의미에서는 잊히고 있었다.

1959년쯤부터 주로 유럽의 연구소 몇 곳에서 복고 조짐이 보이고 그것이 조용히 세계에 퍼져 갔다. 이 펌프 보급에 핵융합 실험 장치의 건설이 크게 기여하고 있다.

이 펌프의 원리는 아주 빠르게 회전하는 터빈 블레이드(날개) 위에 충돌한 가스 분자가 회전 방향으로 운동량이 주어지는 것이다.

7. 초고진공 I—깨끗한 진공을 만든다   129

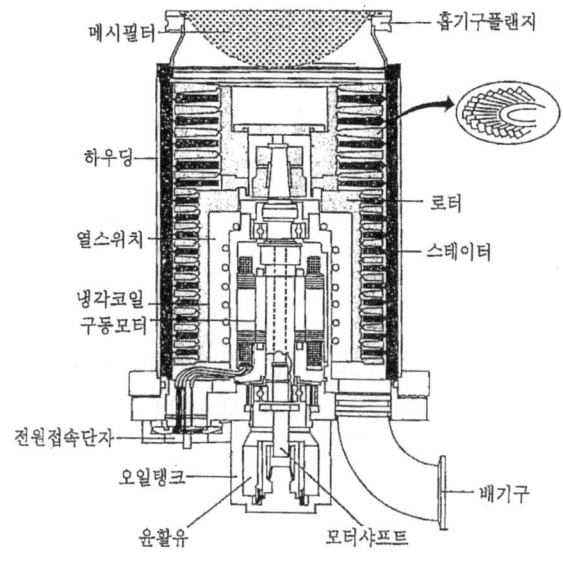

〈그림 7-7〉 터보 분자 펌프

 앞에서도 얘기한 것과 같이 기체 분자의 평균 속도는 그 기체의 음속(20℃의 공기에서는 340m/s)에 가까운 값을 가지고 있다. 그러므로 터빈 플레이트의 주속도(周速度)가 기체의 음속에 그다지 멀지 않은 값이 되면 정지된 벽에 부딪힌 기체 분자에 비해서 플레이트에 충돌된 다음에 회전 방향으로 분자 속도가 고른 기체 분자가 많아진다.
 이렇게 고속으로 회전하는 터빈 플레이트로 기체 분자를 차례차례로 회전 방향으로 때려주는 것이 이 펌프의 원리이다.
 한 번 때린 것만으로는 그다지 효과가 없으므로 몇 번씩이나 되풀이하여 같은 방향으로 때려주어야 하는데, 그 때문에 플레이트는 1단뿐만 아니라 십 수단 겹쳐 싸여 있다.

고속 회전이 이 펌프에 절대 필요한 일이므로, 터빈 플레이트는 가급적 가볍고 튼튼해야 한다. 그러므로 알루미늄 합금을 많이 쓰고 있다. 그리고 회전 중의 균형이 좋도록 높은 공작 정밀도로 플레이트를 만든다. 또한 회전수가 아주 빠르기 때문에 회전축의 베어링은 정밀도가 좋고 또한 수명이 긴 것이어야 한다. 이 펌프는 기계공작 기술의 정수가 모여 만들어진다.

이 펌프가 핵융합 실험 장치의 주배기계에 주로 채용되는 첫째 이유는 많은 양의 수소를 잘 배기하는 점이다. 핵융합 실험 장치에서 플라스마를 만드는 데 사용하는 가스는 수소이기 때문이다.

한편, 반도체 제조 공장에서는 고속 회전하는 정밀 기계라는 이유로 꺼려한다. 더 거친 사용법에 견딜 수 있는 펌프가 환영받는다. 터보 분자 펌프는 반도체 공장에서 상당히 특수한 용도에만 사용되고 있을 뿐이다. 마찬가지 일은 스퍼터 이온 펌프에서도 말할 수 있다.

(c) 크라이오 펌프

극저온면에 충돌한 기체 분자가 그 표면에 응축되어 다시 진공으로 되돌아가지 않으면 그 기체 분자는 그 응축면에서 배기되어버린 것이 된다.

예를 들면 드라이아이스는 -68℃에서 이산화탄소를 고체화시킨 것이다. 그리고 극저온의 이산화탄소 응고면으로부터는 그 온도에 상당하는 포화 증기 압력에서 이산화탄소 가스가 진공 중으로 승화하고 있다. 예를 들면 액체 질소 온도(-195℃)에서는 약 10^{-6}파스칼의 포화 증기 압력을 나타낸다. 만일 이 포화

7. 초고진공 Ⅰ—깨끗한 진공을 만든다   131

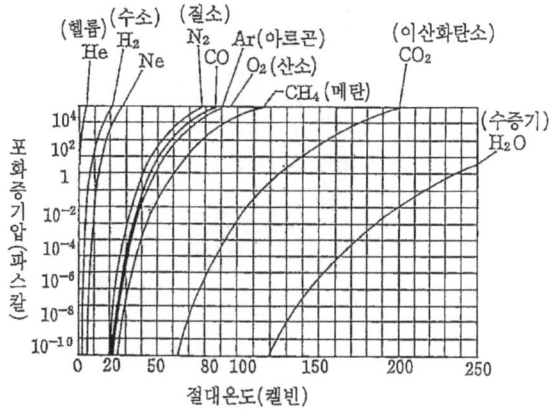

〈그림 7-8〉 극저온면의 포화증기압

증기 압력보다 높은 압력의 이산화탄소 가스가 응축면 주위에 있으면, 이 응축면에서 응축한다. 즉 액체 질소 온도의 응축면은 이산화탄소에 대해서 펌프 작용을 한다.

응축면 온도와 어떤 특정 기체의 포화 증기 압력과는 〈그림 7-8〉에 보인 것과 같은 관계가 있다.

세로축에 포화 증기 압력(단위, 파스칼), 가로축에 절대 온도(캘빈)를 잡고 있다.

예를 들면 질소의 포화증기 압력은 20K(K는 절대 온도 단위 캘빈)에서 10^{-8} 파스칼이 되어 있다. 그러므로 20K의 응축면이 있으면 질소는 초고진공 영역까지 배기할 수 있다.

액체 헬륨은 아주 비싸지만 만일 액체 헬륨 온도(4.2K)로 냉각시킨 극저온의 응축면을 사용해도 된다면 헬륨과 수소를 제외한 다른 모든 기체는 이 온도의 응축면에서 응축하여 10^{-10} 파스칼 이하의 포화 증기 압력을 나타낸다. 즉 그 기체들에 대

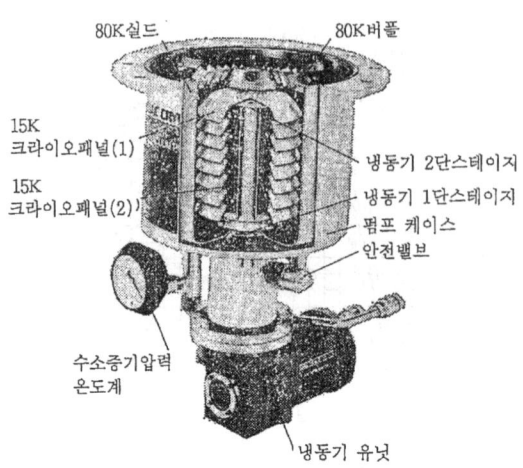

〈그림 7-9〉 크라이오 펌프(열백 크라이오 제공)

해서는 완전한 펌프 작용을 한다.

수소에 있어서도 완전한 펌프 작용을 기대하려면 응축면의 온도를 3.6K까지 내릴 필요가 있다.

실제로 이런 극저온면을 만들어 대량의 수소를 배기하는 거대한 진공펌프가 일본 원자력 연구소의 핵융합 실험 장치 JT-60의 중성 입자 입사 장치에 조립되어 있다.

공업적인 크라이오 펌프로 널리 쓰이고 있는 것은 액체 헬륨을 사용하는 것이 아니다. 기계식 냉동기를 써서 20K까지 낮춘 극저온면을 가진 펌프이다.

〈그림 7-9〉는 시판되는 크라이오 펌프이다. 가장 바깥쪽 벽은 진공 용기의 실온벽(室溫壁)인데, 그 안쪽에 100K로 냉각된 벽이 있다. 더 안쪽에 흡착재를 바른 20K의 벽이 있다. 수소는 이 흡착재가 있는 면에 물리 흡착함으로써 배기된다. 수소에 대해서는 이 대책으로는 실용적으로 거의 만족된다. 헬륨에 대

해서는 불완전하여 많은 헬륨을 배기할 수 없지만, 다행히도 공업적인 용도에서 헬륨을 많이 배기하는 것은 지금으로서는 없으므로 이 유형의 크라이오 펌프가 많이 사용되고 있다.

수증기 분자의 흡착과 탈리

초고진공의 생성을 방해하는 또 하나의 중요 인자에 수증기 분자의 문제가 있다.

실온인 진공 용기를 배기하였을 때, 최후까지 계 안에 남아 있는 것은 거의 수증기이다. 나머지는 약간의 수소와 일산화탄소이다. 초고진공으로 한다는 것은 다름 아닌 진공계로부터 수증기를 무시할 수 있는 수준까지 배제하는 일이다.

어떻게 그것을 실현하는가? 수증기 분자는 어디로부터 오는가? 〈그림 7-10〉은 진공 용기를 진공 펌프로 배기하였을 때 배기 시간과 압력의 관계이다. 압력의 눈금은 로그자로 매겨져 있다. 시간 눈금은 등분 눈금이다.

이 그래프에서 배기의 초기에는 급한 구배의 직선으로 압력이 내려가 있는 것을 볼 수 있다. 그러나 배기의 후기 단계에서는 배기 시간 축을 향해서 내려간다. 즉 시간을 들여서 배기해도 여간해서는 진공이 좋아지지 않는 영역에 도달한다.

앞쪽의 직선 영역은 용기 속의 기체를 배기하고 있는데, 뒤쪽 영역에서는 표면에서 탈리되어 온 기체 분자를 배기하고 있는 상태이다.

실제로 어떤 기체가 배기 과정에서 남아 있는가를 잔류 가스 분석계로 분석해 보면, 그림에서 전압(全壓)이라고 쓰인 곡선 밑쪽에 있는 수증기와 일산화탄소와 수소의 곡선과 같이 된다.

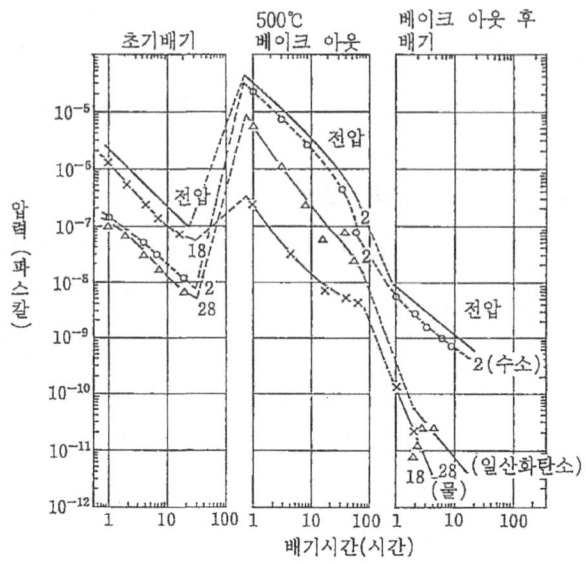

〈그림 7-10〉 배기 시간 곡선

잔류 가스의 태반은 수증기라는 것을 알게 된다.

그림의 중앙 부분에 베이크아웃(Bakeout)이라고 쓰인 영역이 있다. 베이크아웃이란 예를 들면 진공계를 150℃로 가열하는 일이다.

베이크아웃 중에 계의 압력은 2자리 정도 높은 값을 나타낸다. 그에 따라서 가스의 부분 압력도 높아지고 있다. 특히 수증기 부분 압력이 높아져 있다.

그러나 베이크아웃이 끝나서 계를 실온으로 되돌리면 베이크아웃 전의 전압에 비해서 두드러지게 낮은 초고진공 영역 값에 이르고 있다는 것을 알게 된다. 주목해야 할 일은 수증기 부분 압력이 낮은 수준으로 물러나 있어서 수소와 일산화탄소가 주요 가스가 되어 있는 점이다.

즉, 베이크아웃의 역할은 수증기 분자를 진공계 내에서 몰아내는데 있다.

수증기 분자는 진공계의 벽에 어떻게 흡착되어 있을까. 〈표 7-1〉에서 수증기 분자의 물리 흡착의 흡착열을 44.2kJ/mol로 적어놓았다. 이 값에서는 실온에서의 평균 흡착 시간은 10μ의 자릿수이다. 44.2kJ/mol이라는 이 값은 수증기 분자 증발의 숨은열과 같은 값이다. 즉 수증기 분자가 바탕에 다층으로 흡착되어 있는 곳으로부터 탈리하는 경우에는 양상이 조금 달라진다. 수증기 분자인 경우에는 단순히 물리 흡착되어 있는 것뿐만이 아니라는 것이 흡착열 측정으로 알려져 있다.

극단적인 예를 들면 가정 냉장고에 넣어두는 탈취제(脫臭劑)인 활성탄(活性炭)은 아주 좋은 수증기 분자의 흡착제인데, 그 흡착열은 아주 넓은 범위로 분포되어 있어서 80에서 180kJ/mol에까지 걸쳐 있다. 그렇게 되면 실온에서의 평균 흡착 시간은 수천 초에서 수십만 초, 또는 실험적인 시간에 비해서 무한대라고 해도 될 만큼 긴 시간 동안 흡착되어 있는 것이 나온다.

수증기 분자라는 슈퍼벌 이야기를 지금 하고 있으니 이왕이면 눈에 보이는 것처럼 설명해야겠다.

활성탄은 다공질(多孔質)이라는 것이 알려져 있다. 평균 4nm의 구멍이 뚫려 있다. 그 구멍은 종유동(鐘乳洞)과 같이 속이 깊고 복잡하다. 수증기 분자 지름은 약 0.5nm이다. 즉 슈퍼벌은 자기 몸 크기에 비해서 평균 8배 크기의 종유동에 뛰어든 것이다. 더욱이 이 슈퍼벌이 다시 밖으로 뛰쳐나오려면 종유동 속에서 몇 번씩이나 수없이 날아올라서는 벽에 붙고, 거기서 잠시 쉬

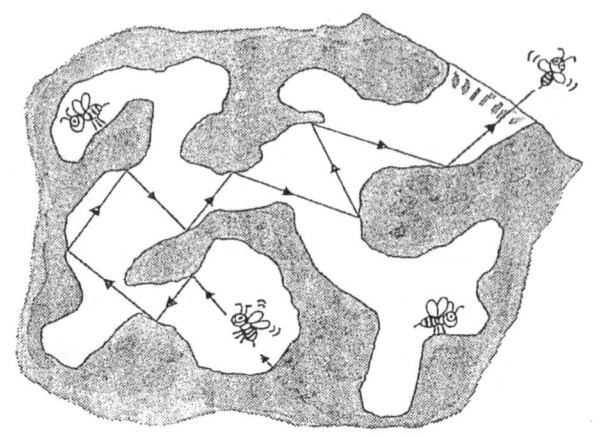

〈그림 7-11〉 동굴에 날아든 슈퍼벌

는 일을 되풀이하여 가까스로 밖으로 나올 수 있게 된다. 그것만으로도 상당히 시간이 걸리는데, 더군다나 종유동 속에는 특별히 슈퍼벌이 좋아하는 꿀이 있으므로 여느 때보다 긴 시간 동안 벽에 붙어있다.

이런 상황을 상상해 보기 바란다.

앞에서 얘기한 큰 흡착열은 종유동 속의 슈퍼벌 모델로 말하면, 단순한 수증기 분자와 다공질 물질의 안쪽과의 물리 흡착만으로는 도저히 설명이 되지 않는다. 수증기 분자는 그런 표면과의 사이에서 약한 화학 흡착을 하고 있다고 생각된다.

물리 흡착은 전문 용어로 말하면 반 데르 발스(Van der Waals) 힘으로 표면과 흡착 분자가 결합되어 있는데 대해서, 약한 화학 흡착을 하고 있는 것은 표면 원자와 흡착 분사 사이에 약하지만 서로 사이에 화학적인 결합이 존재한다는 것을 뜻한다.

즉 수증기 분자의 행동에 관해서는 표면의 다공성과 약한 화학 흡착과 함께 생각해야 한다는 것이다.

진공 용기의 벽은 산화물로 덮여있다. 스테인리스강제이면 산화철과 산화크롬의 까슬까슬한 층이 표면에 있다고 생각하기 바란다. 그 두께와 그 깨끗함은 진공 용기를 만든 뒤 표면 처리에 따라서 대폭적으로 달라지는데, 두께는 아무리 얇아도 5㎜는 된다. 시판되는 판을 그대로 받아들이면 50㎜나 되는 까슬까슬한 산화층이 만들어져 있다. 이 산화층에는 아주 많은 수증기 분자가 흡착된다.

이 까슬까슬한 산화층은 이를테면 미시적인 원자 척도에서의 스폰지(해면)라고 해도 된다. 스테인리스강 등의 표면에 이런 미시적인 해면이 붙어 있다고 상상하면 진공계에서 왜 대량으로 수증기가 방출하는가를 푸는 열쇠가 된다.

차라리 이런 흡착층 따위가 없는 표면을 준비하면 되는데 현재로서는 전망이 없다.

앞으로 되돌아가서 이 절의 첫머리에서 초고진공으로 한다는 것은 진공계로부터 수증기 분자를 몰아내는 것이라고 했는데, 그 수증기 분자는 진공 용기의 구성 재료인 스테인리스강의 산화층에 얼마든지 함유되어 있다. 일단 모두 몰아낼 수 있다고 해도 그 용기를 대기 중에 드러내면 대기 중의 수분이 다시 흡착되어 버린다.

여기까지 오면 초고진공을 만드는 데는 어떻게 하면 되는지 알았을 것이다.

옳은 답은 (1) 진공 용기의 벽을 가급적 깨끗하게 표면 처리할 것, (2) 흡착되어 있는 수증기 분자를 일단 몰아낼 것, (3) 다시 대기 중에 드러내지 않을 것이라는 이 세 가지에 그친다.

베이크아웃의 역할

베이크아웃의 역할은 진공 용기를 가열하여 흡착되어 있는 수증기 분자를 몰아내는 일인데, 나온 수증기 분자는 어떻게 하여 배기되는가 하는 의문도 나올지 모른다.

〈그림 7-1〉을 다시 보면 수증기 분자의 물리 흡착의 흡착열은 44.2kJ/mol에서 실온에서의 평균 흡착 시간의 10μ초의 자리라고 되어 있다.

한 번 몰아낸 수증기 분자는 그것이 실온의 벽에 뛰어들어서는 다시 흡착하고 다시 떨어져 나가는 것을 되풀이해도 한 번의 흡착 시간은 마이크로초의 수준이므로 실험적인 시간에 비하면 문제가 되지 않는 단시간 중에 배기된다.

지금 얘기한 것에 모순이 있는 것처럼 들릴지 모른다.

그러나 모순은 없다.

문제는 〈그림 7-1〉의 물리 흡착열은 보통의 벽에서의 흡착이며, 실은 보통의 물리 흡착열을 가진 태반의 수증기는 벌써 배기되어 버린다.

베이크아웃 하지 않으면 나오지 않는 것은 앞에서 종유동 속의 슈퍼벌에 비유하여 얘기한 것과 같은 약한 화학 흡착을 수반한 수증기 분자이며, 흡착열로 하면 44.2kJ/mol의 2배나 3배의 것까지 있다. 그런 수증기가 배기의 후기에 서서히 나오는 것이 초고진공으로 하는 것을 저해하고 있으므로, 한 번 약한 화학 흡착을 하는 자리에서 몰아내는 것이 베이크아웃이다. 한 번 쫓겨난 수증기 분자가 다른 그러한 화학 흡착을 수반하는 흡착석에 앉는 확률은 아주 적기 때문에 효과로 보아서 수증기 분자가 베이크아웃으로 몰려 나가게 된다.

그리고 (3)을 실현하는 데는 대기 대신에 순수한 아르곤이나 질소를 넣으면 된다. 어쨌든 수증기 분자가 벽에 흡착하는 것을 철저히 피하면 된다고는 하지만 이것을 지키면서 작업하는 것은 쉽지 않다.

깨끗한 진공을 만드는 것도 초고진공을 만드는 것과 같기 때문에 앞에서 얘기한 대책은 깨끗한 진공 생성에도 완전히 해당된다.

베이크아웃을 할 필요에서 초고진공계에는 모든 부품에 걸쳐서 보통의 진공 부품과는 다른 베이크아웃을 하는 것을 전제로 한 초고진공 부품을 쓰고 있다.

어떤 초고진공 부품이 있는가, 어떤 곳이 구체적으로 보통의 진공 부품과 다른가는 이 책에서는 설명하지 않는다. 초고진공 부품을 만들고 있는 진공 메이커에 카탈로그를 청구하면 된다. 거기에 자세히 씌어 있다. 또한 초고진공 기술의 전문서에도 쓰여 있다.

8. 초고진공 Ⅱ
―표면 과학과 분자선 에피택시얼 성장

표면 과학과 초고진공 기술

초고진공 기술이 앨퍼트에 의해서 세상에 소개된 것은 1945년의 일이었는데, 그 무렵 벨연구소에 있던 거머(CL. H. Germer) 박사는 자기가 젊었을 때부터 했던 실험으로 갑자기 나타난 초고진공 기술에 의해서 다시 빛을 보게 될 희망이 생겼다고 생각했다.

어쨌든 거머 박사의 실험은 데이비슨-거머(Davisson-Germer)의 실험이라고 불리는 천재적인 실험으로 유명했다. 그것은 마침 양자 역학이 싹트는 시기였다. 드브로이(Louis Victor de broglie, 1892~1982)가 전자의 파동성(波動性)을 가설로 내고 있어서 당시의 첨단 과학자가 그 실험적 증명을 어떻게든 해보려고 앞을 다투고 있던 시기였다. 스승인 데이비슨(Clinton Joseph Davisson, 1881~1958)과 함께 그는 저속인 전자를 니켈의 단결정 표면에 충돌시켜 그 표면의 전자 회절상(電子回折像)을 관찰하였다. 얻어진 결과는 바로 전자의 파동성(波動性)을 증명하는 것이었다.

회절이라는 현상은 주변의 보기로 말하면 연못에 던진 돌멩이가 만든 파문이 나란히 세운 말뚝에 반사되어 파문이 서로 강하게 되는 곳과 약해지는 곳이 생겨서 기하학적인 무늬를 만드는 것으로 우리는 알고 있다.

회절이 일어난다는 것은 파동의 증거이다. 표면에 정연히 배열된 니켈 원자의 격자에 의하여 전자파(電子波)가 회절하는 것

8. 초공진공 Ⅱ—표면 과학과 분자선 에피택시얼 성장   141

〈그림 8-1〉 회절 현상

을 그들은 증명하였다.

　스승 데이비슨은 그것으로 1937년에 노벨 물리학상을 받았다.

　이 실험이 참으로 천재적이라고 하는 이유는 많은 추가 시험을 시도한 실험 물리학자가 그 실험의 어려움을 새삼스럽게 깨달았기 때문이라고 한다. 그 당시의 실험 기술로는 단결정 표면을 깨끗하게 하는 것도, 그 표면을 관찰에 필요한 시간 동안 유지하는 것도 어렵다는 것이 진상이다.

　그리고 거머 박사는 만년에 초고진공이 얻어지게 되어 청춘 시절에 스승과 한 실험을 다시 해보려고 결심했다. 그에게는 저속 전자 회절이 바로 청춘의 꿈이었다.

　그는 벨연구소의 젊은 연구자들에게 호소하여 그 무렵에 막 시작된 실리콘의 표면 물성 연구에 저속 전자 회절을 사용하기 시작했다. 그리고 1967년 무렵까지 벨연구소에서 속속 연구 성과가 발표되었다. 그들은 반도체 표면 연구의 황금시대를 만들었다.

초고진공 기술과 표면 과학이 훌륭하게 결합된 이 실례는 새로운 기술이 새로운 과학을 불러일으키고, 또한 그것으로 새로운 과학이 새로운 기술을 불러일으키는 연쇄 반응의 발단으로 꼭 소개하고 싶었던 것이다.

그러면 실리콘의 표면 물성에 관해서 벨연구소에서 어떤 성과가 얻어졌는지 얘기하겠다.

실리콘 표면에 고유한 초격자 구조

거머 박사가 벨연구소의 젊은 연구자와 함께 개척한 저속 전자 회절법은 직접 형광면에 나타나는 회절상을 관찰하는 방법이다(실험 장치나 전자 회절 원리의 설명은 8장의 칼럼 '전자 회절과 역격자'를 참조하기 바란다).

그들은 그것을 사용하여 실리콘 단결정 〈111〉표면(실리콘 단결정 표면을 여러 가지 각도로 잘라낼 수 있는데, 〈111〉면은 실리콘 원자가 가장 찬 표면이 된다)의 전자 회절상을 보았다.

그러자 실리콘의 결정 격자에 대응하는 회절 반점(단결정의 회절상은 반점 모양으로 형광면에 비친다) 사이를 7등분하는 위치에서도 회절 반점을 볼 수 있었다.

이것이 실리콘 〈111〉의 7×7구조〔초격자(*超格子*)를 나타내는데, 단결정의 표면 전자의 단위 격자를 1로 하였을 때의 초격자 거리를 이런 표현으로 나타낸다〕로 표면 과학의 금자탑을 세운 빛나는 발견이었다.

8. 초공진공 II—표면 과학과 분자선 에피택시얼 성장   143

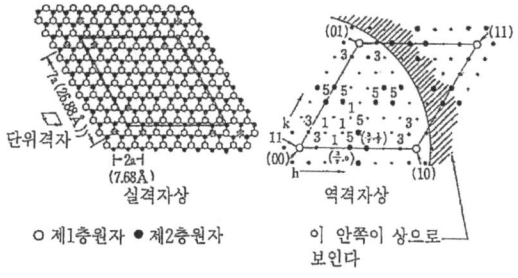

○ 제1층원자 ● 제2층원자

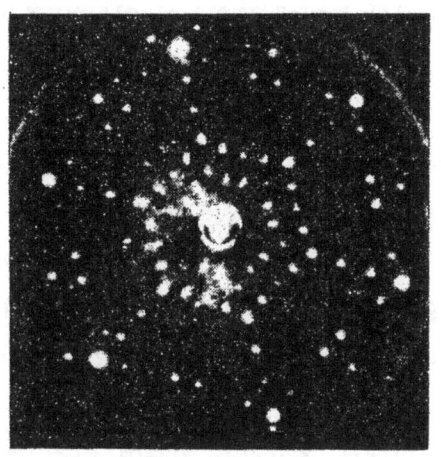

〈그림 8-2〉 실리콘 〈111〉 7×7구조의 전자회절상과
실리콘 표면구조

이 7등분 하는 위치에서 보이는 회절 반점(7×7구조)은 실리콘 단결정의 표면이 원자 척도로 깨끗하게 되었을 때만 볼 수 있는 초격자라고 불리는 것이었다(초격자라는 것은 단위 원자 격자를 넘어서 긴 주기성이 있는 구조라는 의미로 쓰이고 있다. 실리콘의 7×7구조는 왜 생기는가가 오랫동안 학계에서 논쟁의 표적이었다).

형광면에서 관찰되는 회절 반점은 결정 격자 그 자체는 아니다. 그러나 격자 배열에 정보를 준다. 연못에 던진 돌멩이가 규칙적으로 배열한 말뚝에 부딪쳐 되돌아오면 그 파문을 보고 말뚝의 배열을 알 수 있다.

그와 마찬가지로 회절상을 보면 원래의 격자 배열을 알 수 있다.

조금 얘기가 옆길로 벗어났다. 그런데, 실리콘 〈111〉 7×7초격자 구조라는 것은 회절상 위에서 단위 역격자 반점 사이의 7등분의 위치에 분점(分點)이 있으므로 실리콘의 단결정 위에서는 결정 격자의 7배의 주기에 규칙성이 있는 일종의 표면 구조가 있다는 것을 의미하고 있다. 그 표면 구조를 초격자라고 부른다.

이 7×7구조는 원자 척도여서 깨끗한 실리콘 표면에만 나타난다. 그러므로 초고진공 속에서만 관찰할 수 있다. 진공 중이라도 남아 있는 기체 분자가 실리콘 단결정 표면에 입사되면, 표면에서 화학 흡착을 일으켜 버려서 깨끗한 표면이 안 되기 때문이다. 이런 이유로 표면 과학 연구에 초고진공이 없어서는 안 되는 것이 되어 버렸다. 그리고 이 저속 전자 회절 연구도상에서 이번에는 반대로 초고진공 기술에 아주 쓸모 있는 큰 발명이 나타났다.

전자 회절과 역격자

거머의 전자 회절 장치는 유리관 속에 전자총(電子銃)과 '공기' 모양을 한 전자 광학계가 들어 있다. 전자총은 공기의 실굽 중앙에 놓여 있고, 가는 관을 통해서 나온 전자 빔을 마침 공기의 곡률 반지름의 중심에 놓인 단결정에 충돌되게 하고 있다.

단결정에 충돌된 전자는 여러 에너지로 산란한다. 그중에서 처음에 전자총에서 발사되었을 때 가지고 있던 에너지를 충돌된 뒤에도 계속 가지고 있는 것도 있다. 그것은 표면에 들어온 전자 중에서 반사되어 온 성분이다. 즉 빛이 거울면에서 반사하는 것처럼 전자 중의 일부가 단결정 표면에서 반사한다. 공기는 이 반사하는 전자만을 뛰어넘을 수 있고, 더욱이 표면에서 산란된 대부분의 전자는 뛰어넘을 수 없는 문지방을 만들어 놓고, 그 문지방을 뛰어넘은 전자만이 형광면에 들어가게 한다.

실은 공기 안쪽에 두세 개의 그물이 쳐 있어서 그것이 전자에 대한 문지방 구실을 하고 있다. 공기의 안쪽 면에는 형광 도료(螢光塗料)가 칠해져 있어서 전자가 충돌한 곳만 형광을 내게 되어 있다. 형광면에 비친 무늬(전자 회절상)를 그물을 통하여 유리관의 바깥쪽에서 들여다보는 모양이 된다.

반사된 전자만이 형광면으로 들어가게 한다고 했는데, 빛이 거울에 의해서 반사하는 것과 달리 전자가 단결정 표면에서 반사할 때, 다시 하나의 새로운 요소가 덧붙여진다. 그것이 전자의 회절 현상이다.

회절 현상은 새삼스럽게 전자만이 가지는 성질은 아니고, 무릇 파동의 보편적인 성질이므로 빛이든 음이든 연못이나 강이나 호수나 바닷물에서도 일어나는 현상이다. 본문에서 비유로 든 연못 속의 말뚝에 부딪친 파동의 회절 현상과 같은 일을 전자에서도 볼 수 있다. 이 단결정 표면과 그것에 충돌하여 반사하는 전자파 사이에 회절 현상을 볼 수 있다는 것이다. 즉 전자파로서는 단결정 표면에 연못 속의 말뚝에 상당하는 규칙적인 표면의 격자 원자가 있다는 것이다.

원래 회절로 생기는 무늬라는 것은 파동과 파동이 서로 강화하는 곳과

서로 약화시키는 곳이 있어서 생기는 무늬이므로 전자가 회절한 무늬는 그것과 같다. 구체적으로 말하면 형광면에서 비치는 무늬는 전자파가 서로 강화하여 생긴 무늬이다.

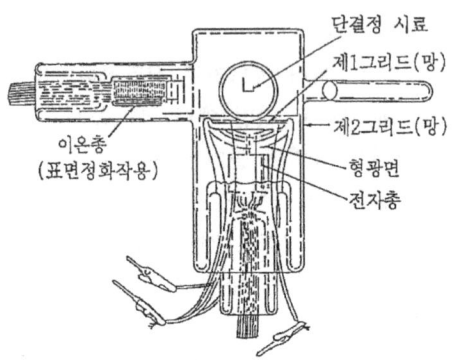

〈그림 8-3〉 거머형 저속 전자 회절 실험 장치

회절을 생각할 때마다 신비로운 기분이 되는데, 단결정 표면에 규칙적으로 배열된 원자가 만드는 격자(실격자라고 한다)에 대해서 회절 무늬 쪽은 그 역격자(逆格子)를 본다는 관계이다.

실격자(實格子)와 역격자의 관계는 실격자 위에서 a라는 길이가 역격자 위에서는 1/a이 되는 관계이다. 반대로 실격자 위에서 1/b의 길이는 역격자 위에서 b의 길이로 비친다. 그것을 따져가면, 실격자 위에서 무한대의 것이 역격자 위에서는 무한소로 비치는 이상한 세계이다.

이를테면 인간을 단위로 하여 이 이상한 세계를 나타내면, 인간의 몸보다 내장 쪽이 크다. 세포는 그것보다 더 크다. 분자는 그것보다 더 크고 원자는 그것보다도 더 크다. 전자는 더욱 거대하며 소립자(素粒子)는 마치 우주 크기가 되어 버린다. 한편 전 우주는 무한히 작게 비친다. 그러한 거꾸로 된 세계이다. 물론 인간을 회절상에 비칠 수는 없지만 저속 전자 회절에서는 진공 속에서 단결정 표면과 그 회절상 사이에서 훌륭히 그 거꾸로 된 세계를 잠시 보여준다.

오제 전자 분광이란 무엇인가?

오제 전자(Auger 電子)란 원자를 구성하는 전자로 전자 궤도에서 튕겨진 전자의 일종이다. 오제 전자는 2차 전자 속에 섞여 있다.

2차 전자라는 것은 거머 박사의 전자 회절에서 나온 산란 전자이다. 전자총에서 나온 1차 전자가 단결정 표면에 충돌하여 반사 전자와 표면과의 충돌 때문에 에너지를 잃은 전자 및 1차 전자가 표면에 입사되어 표면에서 튕겨 나온 전자 등이 2차 전자를 구성한다. 그러므로 1차 전자의 에너지를 가진 반사 전자로부터 에너지 0의 전자에 이르는 넓은 범위의 에너지 분포를 가지고 있다.

이 넓은 에너지 분포를 가진 2차 전자 중에 아주 미소하지만 오제 전자가 섞여 있다. 이 오제 전자는 표면 물질에 특유한 에너지를 가지고 있다. 그러므로 많은 2차 전자 중에서 오제 전자만을 잡을 수 있고, 그 에너지를 알게 되면 거꾸로 표면 물질이 무엇이었는가를 알 수 있다.

오제 전자가 어떤 것인가 하는 자세한 내용은 8장의 칼럼 '오제 전자'를 보기 바란다.

오제 전자를 의식적으로 표면의 화학 분석에 사용하는 시도가 초고진공 기술의 진보와 미소 전류 측정 기술의 진보에 뒷받침되어 미국 동부에서 1967~1968년에 일어나기 시작했다.

오제 전자 분광이라고 부르는 이 기술은 표면에 민감하다는 특징을 가지고 있다. 검출되는 신호는 모든 원소에 대해서 표면의 제1층에서 깊어도 제6층 정도, 0.4에서 2nm 사이의 깊이의 신호이다.

더욱이 다행스러운 일은 직시형(거머 박사의 장치와 같은 형)의 저속 전자 회절 장치를 써서 측정 회로를 오제 전자 분광을 위한 것으로 전환하여 측정할 수 있다는 점이다.

즉 저속 전자 회절로 표면 구조를 알고, 오제 전자 분광으로 표면의 원소를 분석한다. 이런 일을 스위치 전환 하나로 즉석에서 할 수 있게 되었으므로 표면 과학의 지식은 단번에 깊어졌다. 그때까지는 상상도 하지 못한 것이 여러 가지로 알려졌다.

또 하나로 많은 연구자가 오제 전자 분광이 실용상 아주 쓸모 있다는 인식을 가졌던 것은 다음과 같은 이유에서였다.

(1) 오제 전자 분광은 표면이 단결정이 아니라도 되는 것, 다결정이나 비결정성(Amorphous)이라도 측정되는 것이었다. 이것은 당연한 일인데, 저속 전자 회절과 조합시켜서 사용할 때도 편리하였다. 저속 전자 회절 쪽은 단결정 면에 나타나지 않으면 회절상이 관찰되지 않는데, 오제 전자 분광 쪽은 처음부터 더러워진 표면에서는 그 나름대로 어떤 더러움이 표면에 있는가, 더러워진 표면을 점차 깨끗하게 해가는 과정이 표면의 원소 분석을 통해서 알게 되기 때문이다.

(2) 이온 충격과 조합시켜 표면층을 스퍼터 하면서 오제 전자 분광을 해감으로써 표면의 극히 근방의 깊이 방향의 원소 분석을 할 수 있다는 것도 편리하다고 느껴졌다.

오제 전자 분광의 실용적인 개발 초기에 어떤 곳에 쓸모 있었는가를 다음에 소개하였다.

오제 전자

오제 전자는 원자 속에서 원자핵 주위를 돌고 있는 전자 궤도로부터 튕겨나간 전자이다.

수소와 헬륨의 전자 궤도는 하나 밖에 없으므로 오제 전자는 나오지 않는다.

그러나 리튬에서 위의 전자는 각각 전자가 두 개 이상의 고유 궤도 위를 돈다는 것을 알고 있을 것이다. 예를 들면 탄소 원자는 원자핵 주위를 6개의 전자가 돌고 있는데, 안쪽 궤도(K껍질)에 2개, 바깥쪽 궤도(L껍질)에 S전자 2개와 P전자 2개의 합계 4개가 돌고 있다.

〈그림 8-4〉를 보기 바란다.

어떤 외부의 자극으로 K껍질의 전자가 튕겨져 나가서 거기에 양공을 메우려고 전자가 L껍질에서 K껍질로 천이해 온다. 그 천이에 상당하는 에너지를 시성(示性)X선으로서 방출하거나 또는 L껍질로부터 다른 전자를 하나 튕겨 내거나 한다. 오제 전자라는 것은 이 과정을 거쳐서 껍질 밖으로 튕겨 나온 전자이다. 그리고 그 전자는 어김없이 정해진 에너지를 가지고 튀어나온다. 즉 오제 전자는 이를테면 원자로부터의 편지라고도 말할 수 있다.

다만 첫머리에서 얘기한 것처럼 오제 전자는 아주 미약한 신호이며 엄청난 대량의 2차 전자 속에 묻혀 있다. 그것을 읽어내는 기술이 생겨났다. 하나는 일렉트로닉스에 의한 계측기술이 장족의 진보를 한 덕분이다. 록인암프(Lock-in Amp)라고 불리는 위상 증폭기가 이 미약한 신호를 거대한 백그라운드의 2차 전자로부터 주어내고, 또한 백그라운드 쪽은 공제해 버린다.

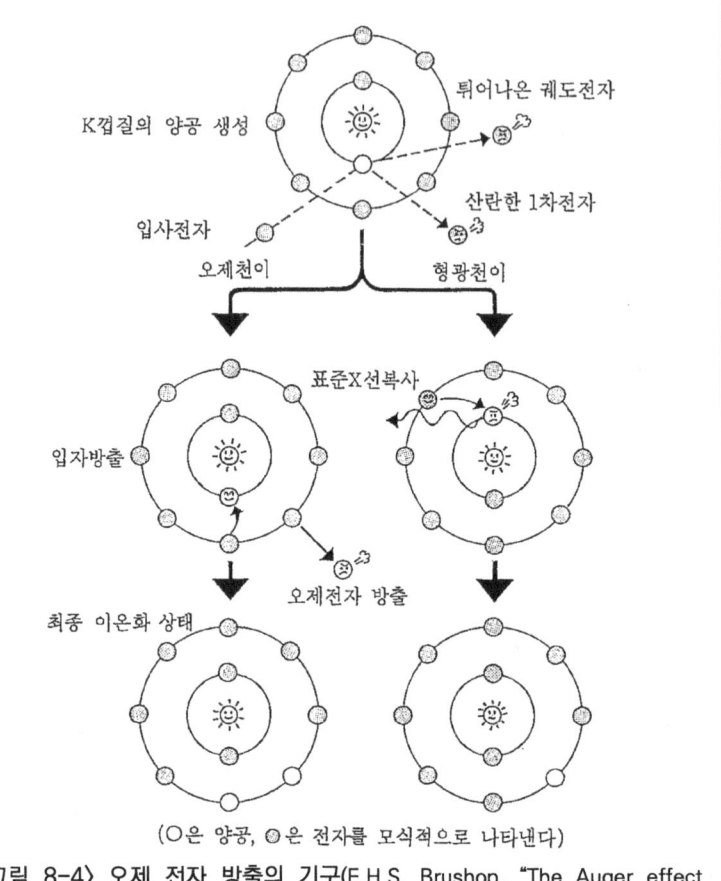

〈그림 8-4〉 오제 전자 방출의 기구(E.H.S. Brushop, "The Auger effect and other radiation les transitions" Cambridge Univ. Press. London, 1952에서)

표면에만 민감한 화학 분석

안전 면도날은 예전에는 탄소강(炭素鋼)이었다. 담금질하여 표면을 단단하게 하였는데 한 번 쓰면 무디게 되었다. 더욱이 방

8. 초공진공 II—표면 과학과 분자선 에피택시얼 성장   151

청지(防鏽紙)로 잘 싸두지 않으면 녹슬어 버렸다. 그런 시대에 유명한 G사에서 스테인리스강제의 면도날이 발표되었다. 분명히 1965년대의 일이었다. 몇 번 깎아도 잘 드는, 그리고 녹슬지 않는다는 뛰어난 특징을 가지고 있었다. 금방 종래의 탄소강제의 면도날은 그것과 대치되었다. 스테인리스강은 담금질이 안 되므로 날붙이로는 못쓴다는 상식이 있었으므로 세상은 깜짝 놀랐다. 경쟁 제조 회사는 어떻게든 그 비밀을 알려고 여러 가지 화학 분석을 해보았으나 알 수 없었다. 마지막으로 그 무렵에 가까스로 실용에 사용되기 시작한 오제 전자 분광이 그 비밀의 해명에 사용되었다.

　결과는 훌륭하였다. 백금이 스테인리스강 표면에 스퍼터 증착되어 스테인리스강을 단단하게 하고 있었다. 더욱이 점점 날이 무디게 된 뒤의 스테인리스강제 면도날 표면의 오제 전자 분광은 백금이 쏙 줄어져 버렸다는 것을 나타내고 있었다. 물론, 이런 얘기는 그 당시 기업 비밀을 드러내는 일이었으므로 공공연히 얘기된 것은 아니었다. 그러나 뒷공론으로 퍼진 소문으로 사람들은 오제 전자 분광이라는 비밀 무기의 위력에 놀랐던 것이다.

　철강에 관련된 얘기를 또 하나 소개하겠다.

　철강의 저온 메짐(脆性)이라는 것이 있다. 튼튼한 철강이 어느 온도 이하가 되면 물러진다.

　철강으로 만든 기계가 시베리아나 알래스카 또는 남극이나 북극에서 사용할 때 물러진다면 큰일이고, 더 낮은 온도에서 액화 천연 가스를 저장하는 탱크의 구조 재료가 물러지면 큰일이다.

이런 일로 저온 메짐이 문제가 되어 연구가 진행되어 왔다. 툭하고 꺾인 그곳에 무엇이 있는가? 무엇이 다른 곳과 다른가? 이런 일이 구명되면 연구자는 무름의 원인이 되는 사항에 대해서 해명하는 실마리를 잡을 수 있다.

　오제 전자 분광 장치의 진공 용기 속에 실제로 저온으로 냉각시킨 철강의 샘플을 넣고 툭 꺾어서 그 파단면을 오제 전자 분광기 앞에 가져오게 하도록 고안했다. 파단면을 측정해 본 연구자는 거기에 결정 내부의 농도에 비해서 2자리나 큰 농도로 특정한 불순물이 표면에 편중하여 특별히 진하게 존재한다는 것을 알아냈다. 그 특정 원소는 어떤 철강에서는 안티몬, 다른 철강에서는 인, 또 다른 철강에서는 주석이었다. 그러나 그것들에 공통된 것은 (ㄱ) 파단면만이 특별하게 그 불순물 원소가 높은 것, (ㄴ) 그 불순물은 파단면으로부터 결정 내부를 향해서 급속히 적어져 버리는 것, 평균 불순물층의 두께는 2nm 정도였다.

　이런 얇은 곳에만 편재하고 있는 불순물을 측정할 수 있었던 것은 오제 전자 분광 덕분이다.

　더 소개하고 싶은데 하나만 더 얘기하고 그치겠다. 그것은 반도체 표면도 그대로는 더러워져 있다는 것이다.

　고순도의 실리콘 웨이퍼에 오제 전자 분광을 걸어 본다.

　표면에 보이는 것은 산소, 탄소, 염소, 나트륨, 칼륨 따위이다. 규소가 보여도 그것은 산화물로 존재한다는 것을 알 수 있다.

　즉 정말로 깨끗한 실리콘 표면은 단지 초고진공에 놓는 것만으로 얻어지지 않는다는 것이 오제 전자 분광으로 분명해진다.

　실리콘 표면을 원자 척도로 깨끗하게 하는 연구가 오제 전자

8. 초공진공 II―표면 과학과 분자선 에피택시얼 성장   153

분광을 써서 이루어졌다. 여러 방법이 개발되어 반도체 공장에서 실리콘 웨이퍼의 청정화 기술의 기초를 만들었다. 이것과 관련하여 한 가지 이상하게 생각하는 현상을 소개하겠다. 흥미를 가지게 된 것은 오사카 대학의 히라키(平本昭夫) 조교수가 하고 있는 연구에 대해서이다.

그것은 원자 척도로 깨끗하게 한 실리콘 표면에 약 100nm 두께로 아주 순수한 금을 진공 증착한다. 그것을 그대로 진공 중에 넣어두면 아무리 오랫동안 두어도 금은 순수한 금 표면의 오제 전자 분광 스펙트럼을 나타낸다. 그런데 진공 용기에 공기를 넣어서 다시 초고진공으로 하고 금증착막 표면의 오제 전자 분광 스펙트럼을 찍어 보면, 놀랍게도 표면에는 금은 전혀 없고 단지 규소산화물(SiO_x)의 스펙트럼만이 보인다는 것이었다.

이 현상은 실리콘 반도체 소자의 전극 배선 기술과 관련하여 반도체 공장에서 큰 문제였고, 또한 반도체 연구자에게 흥미로운 문제였다.

금은 보통 의미에서는 산화하지 않는다. 그런데 왜 금 표면에서 규소 산화물을 보게 되는가? 왜 원자의 지름에 비해서 300배나 먼 곳에 있고, 또한 금막에 가려진 규소를, 표면에 온 산소 분자는 거기에 있는 것을 알 수 있는가? 그리고 그 규소 원자를 불러낼 수 있는가?

마치 산소는 불량소년이고, 규소는 금의 두꺼운 울타리에 둘러싸인 넓은 저택 속에 있는 규중의 규수와 같지 않은가.

결론을 말하면, (ㄱ) 금의 진공 증착막 속에 분석으로는 검출할 수 없는 수준의 미량의 규소가 섞일 수 있다는 것, (ㄴ) 금막의 표면에 온 산소 분자는 2개의 원자로 나뉘고 금막 속에

〈그림 8-5〉 금과 실리콘의 계면 현상

섞인 미량의 규소 원자와 화학 결합하는 것, (ㄷ) 결합으로 표면 가까이 있던 규소가 빼앗겨 버리면 금막 속에 빼앗긴 몫에 해당하는 규소 원자가 실리콘 웨이퍼 쪽에서 보내진다는, 이 세 가지 현상에 의하는 것이었다.

즉, 표면에 온 산소 분자는 깊은 우물 바닥에 있는 규소라는 물을 퍼내는 펌프 구실을 하고 있다.

이 이상한 현상을 연구함으로써 실리콘과 금속 증착막 사이의 금속간 화합물(실리사이드) 형성의 기구가 밝혀졌다. 이는 실리콘 기술의 중요한 연구 테마로 되어 있다.

오제 전자 분광과 깊이 방향 분석

오제 전자 분광은 표면에 민감한 분석 방법이므로, 그대로는 깊이 방향으로 어떻게 조성이 변했는가를 알 수 없다. 그러나 이온 충격과 짝지으면 가능하다.

죽순이나 양파를 상상하기 바란다. 표면으로부터 한 장씩 껍

8. 초공진공 II—표면 과학과 분자선 에피택시얼 성장   155

질을 벗겨갈 수 있으면, 그 껍질 한 장의 표면 조성을 분석할 수 있다. 그 분석 결과를 벗긴 껍질 순서로 배열하면 깊이 방향의 조성 분석을 할 수 있다.

이온 충격은 이를테면 그 껍질을 벗기는 구실을 하며, 껍질이란 실은 스퍼터로 벗겨지는 표면층이다. 즉 이온 충격으로 차례차례로 표면층을 벗기면서 오제 전자 분광을 계속하여 시간이 경과와 더불어 얻은 스펙트럼을 기록해 가면 그것이 깊이 방향의 분석이 된다. 이온 충격을 천천히 한 층씩 벗겨가는 것처럼 사용하면, 표면으로부터 5㎚ 깊이까지의 원소 조성 변화라는 아주 얇은 표면층의 깊이 방향 분석에서도 된다.

그것의 아주 좋은 응용 사례를 1974년에 알았다.

교토(京都) 국제 회의장에서 제6회 진공 국제회의가 열렸다.

초청 강연으로 에사키(江崎玲於奈) 박사의 분자선 에피택시얼 성장(158쪽)에 따른 갈륨-비소의 초격자 구조에 관한 강연이 있었다. 노벨 물리학상 수상 후의 첫 귀국이었으므로, 회장은 가벼운 흥분에 싸여 박사의 강연을 듣고 있었다.

에사키 박사의 초격자 구조는 갈륨-비소 5㎚ 막과 갈륨-알루미늄-비소의 5㎚ 막을 정확하게 되풀이하여 샌드위치와 같이 겹쳐가는 구조를 가지고 있다(앞의 실리콘 표면의 초격자는 2차원-평면-의 초격자인데, 분자선 에피택시얼 성장에 의한 초격자는 박막의 두께 방향의 1차원의 초격자이다). 더욱이 그 모든 막은 바탕이 되는 갈륨-비소 단결정과 결정 방향이 가지런한 에피택시얼 성장막이다. 박사는 이 인공적인 초격자를 만드는 데에 분자선 에피택시얼 성장법을 사용하였다. 이것은 초고진공 중에서의 일종의 진공 증착이다. 이것에 대해서는 나중에 얘기하겠다.

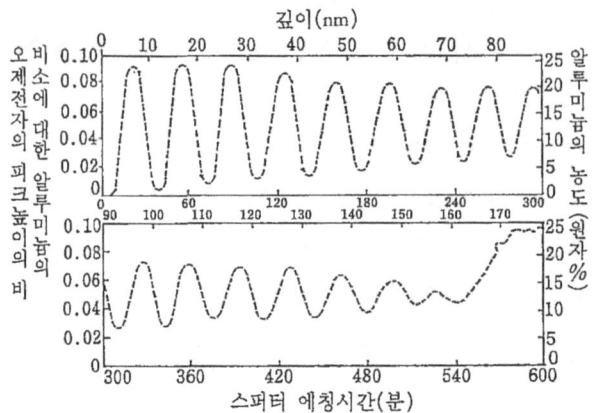

〈그림 8-6〉 분자선 에피택시얼 성장에 따른 갈륨-비소와 갈륨-알루미늄-비소 초격자 다층막의 깊이 방향 분포(R. Ludeke, L. Esaki and L. L. Chang, Appl. Phys. Letters 24, 1974, 174에서)

 에사키 박사 그룹은 이런 놀랄만한 박막의 깊이 방향 분석을 성장 장치에 함께 조립한 오제 전자 분광기와 이온 충격용 이온층을 조합시켜 성장 직후에 했다. 그리고 그 초격자 구조가 분명히 화학 조성에서 보아도 깔끔히 되어 있다는 것을 증명해 보였다. 〈그림 8-6〉은 오제 전자 분광으로 알루미늄의 농도 분포를 측정한 것이다.
 이 그림은 적어도 다음 사실을 보여준다. (1) 5nm마다 샌드위치 모양의 막의 막두께 분포를 충실히 나타내고 있는 것과, (2) 표면으로부터 깊어짐에 따라서 알루미늄의 농도 분포가 뱀 꼬리처럼 끝이 가늘어져 있다는 두 가지이다.
 이 뒤의 현상은 초격자막이 그렇게 되어 있는 것이 아니다. 막 자체는 깨끗하게 알루미늄의 농도 분포가 처음부터 끝까지

8. 초공진공 II―표면 과학과 분자선 에피택시얼 성장   157

말끔히 되어 있는데, 이온 충격으로 스퍼터하면서 오제 전자 분광을 하고 있으므로 이온 충격으로 피할 수 없는 손상을 분석 중의 막에 준 결과라고 믿어지고 있다.

이 예가 오제 전자 분광의 깊이 방향 분석에 적용된 좋은 예이며, 동시에 적용 한계도 훌륭히 보여주는 것으로 생각한다.

어쨌든 이러한 방법으로 아주 얇은 박막의 깊이 방향 분석이 오제 전자 분광을 써서 많이 시행되고 있다.

분자선 에피택시얼 성장

분자선 에피택시얼 성장은 그런 이유로 일본에 화려하게 전달되었다. 그리고 지금까지는 미국과 일본이 격렬하게 연구 경쟁을 하고 있다. 어떤 부분에서는 일본의 연구가 한발 앞선 것도 있다. 전체적으로 바라보면 연구자 층의 두께를 포함하여 호각을 이룬다고 하겠다.

분자선 에피택시얼 성장법은 특히 화합물 반도체에게는 불가결한 중요한 성장법이다. 그리고 초고진공 속에서 하는 프로세스이기도 하므로 이 책에서 다루는 것이 알맞다.

분자선 에피택시얼 성장은 1969년 당시 벨연구소에 있던 J. R. 아서 박사의 연구에서 시작되었다. 그의 연구는 갈륨 증기의 분자선과 비소 증기의 분자선의 기판 표면에서의 응축 메커니즘에 관한 것이었다. 이것은 분자선 에피택시얼 성장을 이해하는 데 아주 좋은 설명이 되므로 조금 길어지지만 설명하기로 한다.

초고진공 용기 속에 갈륨 증발원과 비소 증발원을 따로따로 둔다. 어느 증발원도 한 방향으로 분자가 가급적 가지런히 뿜

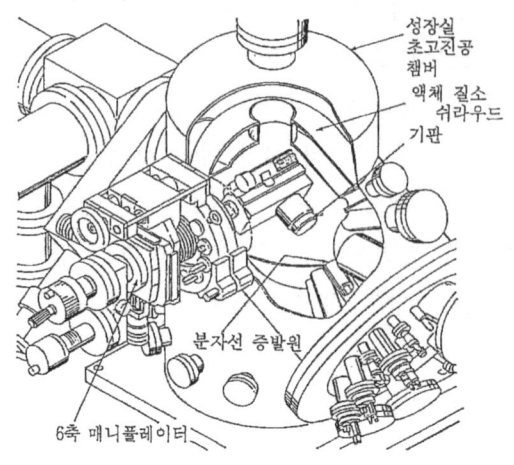

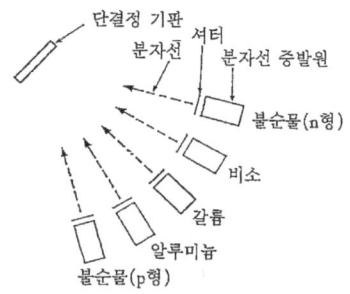

〈그림 8-7〉 분자선 에피택시얼 성장 장치

어 나가고 소용없는 방향으로 분자가 향하지 않게 만든 분자선 원이라고 하는 것을 사용한다.

  분자선원에서 뿜어 나온 갈륨은 거의 원자 형태로 기판을 향해서 날아간다. 그에 대해서 비소 쪽은 4개의 비소 원자로 이루어지는 분자와 2개의 비소 원자로 이루어지는 분자가 섞인 상태로 분자선원으로부터 뿜어 나온다.

갈륨 원자는 600℃의 기판 위에서도 응축한다. 그러므로 이번 장의 1절에서 소개한 물리 흡착의 술어를 사용하면 갈륨의 응축 계수는 그 온도로 1이다.

그런데 비소 분자는 기묘한 행동을 한다.

기판 온도가 실온 이상에서 비소의 4원자분자는 갈륨이 표면에 없을 때에, 설령 바탕이 갈륨-비소라도 표면에 어떤 정해진 평균 흡착 시간 머문 뒤, 다시 표면으로부터 탈리한다. 이를테면 실온에서 1초의 자릿수, 110℃에서 0.1㎜/s의 자릿수의 흡착 시간이다. 300℃가 되면 흡착 시간은 아주 짧아서 잴 수 없다. 사실상으로는 응축 계수는 0이다.

그런데 표면에 갈륨 원자가 있으면 얘기는 달라진다. 〈그림 8-8〉을 보기 바란다. 4원자분자의 비소가 표면에 왔을 때에 갈륨 원자에 의하여 비소 분자가 해리하여 갈륨-비소의 화합물 분자를 만든다. 남은 비소는 주위의 비소와 결합하여 4원자 분자로서 다시 표면으로부터 탈리한다. 그러므로 이 경우 비소의 4원자분자는 한 번은 갈륨 흡착면에서 화학 흡착 상태가 된다. 화학 흡착 때에는 '응축'이라고 하지 않고 '부착'이라고 한다. 갈륨 흡착층 위에서 비소의 4원자 분자의 부착 확률은 온도에 따라 다르며, 0.5이거나 그 이하인데 0은 아니다. 좀 더 단적으로 말하면 비소의 4원자 분자는 갈륨 원자가 표면에 흡착되어 있을 때만 부착할 수 있어서 화합물을 만든다. 반대로 화화물을 만들지 않는 여분의 비소는 표면으로부터 탈리되어 버리므로 펴면은 반드시 화합물이 만들어지고 있다.

이것은 갈륨-비소 화합물의 박막을 만드는 데 아주 편리하다.

그리고 단결정을 기판으로 골라서 마침 좋은 온도로 박막을

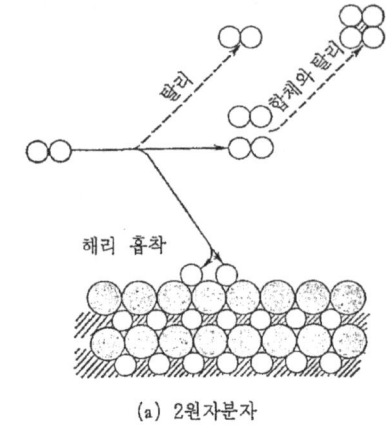

(a) 2원자분자

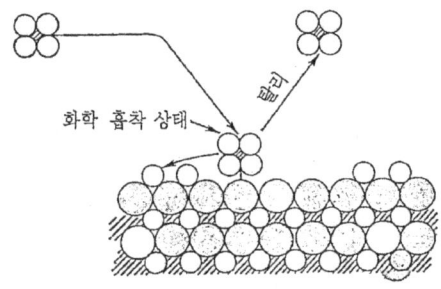

(b) 4원자분자

〈그림 8-8〉 4원자 분자의 비소의 칼륨 원자에의 부착 모형
(K. Ploog, "Molecular Beam Epitaxy of Ⅲ-Ⅴ compunds" in "Crystals. 3. Ⅲ-Ⅴ semiconductors"ed. H. C. Freyhardt. Springer. Verlag. Berling, 1980에서 개조)

만들면 그 박막에는 바탕이 되는 단결정과 결정축 방향이 가지런한 단결정 박막이 성장한다. 이것을 에피택시얼 성장이라고 부르는데, 분자선 에피택시얼 성장은 단결정 박막을 만들기 위한 중요한 기술이다.

8. 초공진공 II—표면 과학과 분자선 에피택시얼 성장   161

비소의 2원자 분자에 대해서도 바탕 온도의 차이는 있는데, 역시 4원자 분자와 비슷한 행동을 한다. 단지 2원자 분자 쪽이 4원자 분자에 비하여 부착 확률은 확실히 크다.

분자선 에피택시얼 성장은 갈륨-비소든, 인듐-인이든 앞에서 얘기한 표면에서의 화합물 생성에 기초를 두고 있다.

벨연구소의 아서 박사의 연구 이래 많은 연구자가 실리콘에 대하는 화합물 반도체로서 갈륨-비소를 중심으로 하는 뛰어난 연구를 쌓고 있다. 1970년대 후반쯤부터 분자선 에피택시얼 성장에 따른 고체 소자(전자 디바이스)의 시작이 여러 가지로 시도되고 있다. 1980년대에는 분자선 에피택시얼 성장법이 실용화 단계에 들어가서 새로운 고체 소자 집적 회로(LSI전자 디바이스)에 관한 시도가 급속히 진행되고 있다.

일본은 특히 세계의 정상급 연구에 공헌하고 있어서 후지쓰(富士通) 연구소, 도쿄(東京) 대학 생산기술 연구소, NTT무사시노 전기 통신 연구소, 통산성 공업 기술원 전자 기술 종합 연구소, 도쿄(東京) 공업 대학 등이 1980년대가 되자 차례차례 뛰어난 연구 성과를 발표했다. 이들 연구는 초고속 컴퓨터나 광전자 공학 분야에서 개발을 서둘러야 하는 것으로 아주 중요한 것이다.

그럼 왜 분자선 에피택시얼 성장에 초고진공이 필요한가? 그것은 진공 중에 신선한 표면을 방치하여 놓았을 때 잔류 가스에 의한 표면의 더러움의 문제와 관련되어 있다. 앞에서도 얘기한 것처럼 실리콘이나 갈륨-비소의 깨끗한 표면의 활성 가스에 대한 응축 계수가 가령 0.1이라고 하면 기판 위에 매초 1㎠당 10^{15}개의 갈륨-비소를 증착하고 있을 때, 불순물 가스가

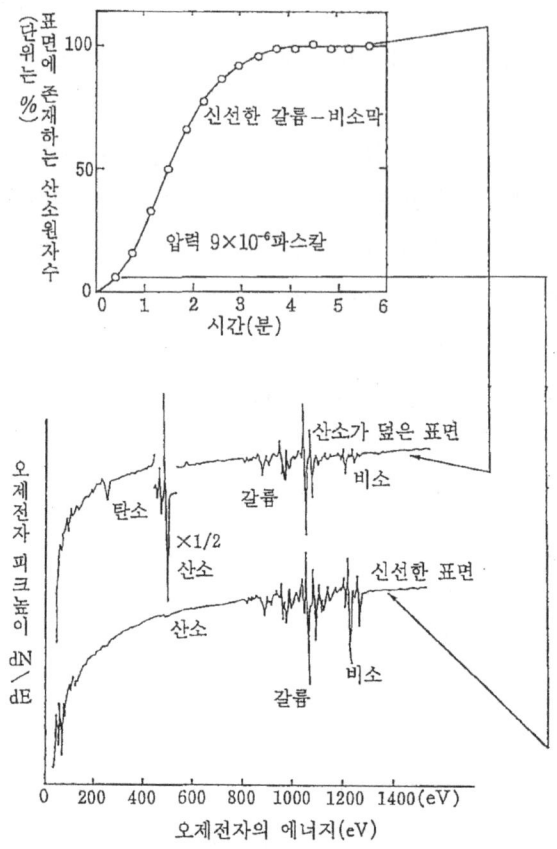

〈그림 8-9〉 갈륨-비소를 초고진공 중에 방치했을 때 오제 전자 분광 스펙트럼. 갈륨-비소의 깨끗한 표면과 9×10^{-6}파스칼의 초고진공에 7분간 방치한 것만 으로 더러워진 표면의 AES스펙트럼

10^{-5}파스칼만 있으면 에피택시얼 성장막 속에 0.3%의 가스 불순물이 포함되어 버린다.

그것을 오제 전자 분광으로 실제로 측정한 예가 〈그림 8-9〉

이다. 처음에 에피택시얼 성장 직후의 오제 전자 분광 스펙트럼은 갈륨과 비소의 피크 이외에 아무것도 볼 수 없지만 9×10^{-6}파스칼의 초고진공 중에서는 겨우 3분 안에 표면은 탄소와 산소로 더러워진다. 시간과 더불어 탄소 피크가 늘어나는 모양은 놀랄만한 속도이다.

갈륨-비소뿐만 아니다. 다른 화학 반도체라도 에피택시얼 성장에는 본질적으로 불순물 가스가 적은 초고진공의 분위기가 필요하다.

에피택시얼 성장은 분자선뿐 아니라 CVD(화학 기체상 성장법)로도 행해지고 있다. 특히 MOCVD(유기 금속화합물 화학 기체상 성장법)는 분자선 에피택시얼 성장법의 아주 좋은 경쟁 상대로서 연구가 성행되고 있다. 그리고 CVD는 일반적으로 훨씬 높은 압력으로 성장이 시행되고 있다. 그러나 여기서 주의해야 할 것은 그 압력은 전체 압력에 대해서이며, 더러움을 일으키는 가스 불순물 부분 압력은 여전히 초고진공의 부분 압력이 요구된다는 것이다. CVD에 사용되는 활성 가스도 불순물 수준으로 보면 초고진공 중에 도입하는 가스와 마찬가지로 아주 순도가 높은 것이어야 한다.

몇 번이나 되풀이하여 '깨끗한 진공은 초고진공과 같은 배려가 필요하다'고 한 것은 그런 이유 때문이다.

왜 갈륨-비소인가?

현재 초LSI소자의 기간이 되는 반도체는 실리콘이다. 근년에 갈륨-비소가 중요시되고 있는 이유는 몇 가지 있다.

하나는 실리콘 소자에 비해서 갈륨-비소 소자의 정보 전달 속도가 몇 배 빠르다는 것이다. 이것보다 빠른 것으로는 초전도 소자밖에 없다. 그러나 갈륨-비소는 상온에서 동작시킬 수 있는데 비해서 초전도 소자는 극저온 상태가 아니면 사용할 수 없다. 그래서 갈륨-비소 소자는 고속 컴퓨터의 중앙 부분에 사용하는 소자로서 주목받고 있다.

둘째 이유는 광전자 공학의 기간 소자라는 것이다. 컴퓨터 통신 기구가 복잡해지면 어디선가 섞여 들어온 미약한 오신호(誤信號)로 컴퓨터가 오동작하는 일이 있다. 복잡하게 되면 될수록 오동작의 확률이 높아지므로, 오신호를 어디선가 잘라버려야 한다. 그런데 보통 컴퓨터는 전자가 기본 구실을 하므로 다른 곳에서부터 다른 전자가 들어와도 소자가 동작되어 버린다. 그것이 오신호에 의한 오동작의 큰 원인이 되고 있다. 이 나쁜 인과 관계를 잘라버리는 데는 도중에서 한 번 전자의 신호를 빛의 신호로 바꾸어 빛에 의하여 통신하고, 다음에 빛의 신호를 전자의 신호로 바꾸어 컴퓨터에 넣어주면 된다. 결국 갈륨-비소는 전자 신호를 광신호로 바꾸고, 또는 반대로 광신호를 전자 신호로 바꾸는 데 사용하는 소자가 되므로 중요한 반도체로서 주목받고 있다.

9. 넓어지는 플라스마 이온빔 이용 기술

지금 반도체 공장에서는…

6장에서 플라스마 프로세스 중 스퍼터링을 사용한 성막 기술에 대해서 얘기했고 깨끗한 진공을 만드는 기초가 되는 초고진공 기술을 7장과 8장에서 설명했다. 8장에서는 초고진공 기술의 응용으로서 표면 과학과 분자선 에피택시얼 성장에 대해서 얘기했으므로, 초고진공 기술은 과연 첨단 기술이기는 하지만 이제는 실제로 척척 사용되는 기술이라는 것을 이해하였으리라고 생각한다.

이 장에서는 다시 플라스마 프로세스에 되돌아가서 반도체 공장에서 실리콘이 초LSI 생산에 사용되고 있는 드라이 에칭(Dry Etching)에 대해서 얘기하기고 한다.

초LSI의 제조 공정은 아주 복잡하여 몇 종류인가의 반도체 제조 장치 사이를 왔다 갔다 하여 만들어진다. 한 개의 초LSI 마이크로칩(수 밀리미터 각의 실리콘 웨이퍼 위에 몇 십 만개의 회

〈그림 9-1〉 CMOS-LSI의 가공 공정

분류	내용	공정수
리소그래피 I	레지스트도포, 노광, 편상	44
리소그래피 II (에칭)	RIE, 플라스마, 용액	33
세정		22
산화막 형성		8
분순물 도입	이온 주입, 열처리	16
막 형성	CVD, 스퍼터 증착	9

로 부품을 얹고 목적으로 하는 기억·연산 등을 하는 기능을 갖게 한 소자)을 만드는데 200에 이르는 공정을 거치지 않으면 완성되지 않는다. 그 공정은 요약하면 ⑴ 웨이퍼를 세정하는 일(세정), ⑵ 웨이퍼 위에 박막을 만드는 일(성막), ⑶ 박막을 부분적으로 제거하는 일(리소그래피와 에칭), ⑷ 정해진 종류의 불순물을 정해진 밀도만큼 정해진 깊이의 층에 넣는 일(도핑)이 될 것이다.

〈그림 9-1〉은 CMOS의 약 130에 이르는 가공 공정이 어떻게 나눠져 있는가를 나타낸 것이다.

표에서도 알 수 있는 것처럼 가장 많은 공정은 리소그래피(Lithography : 석판 인쇄술)와 에칭 공정이다. 현재 64킬로비트에서 256킬로비트의 초LSI소자의 제조 공정 중에서 이 공정에 포토리소그래피(Photolithography : 사진 석판 인쇄술)와 활성 가스 이온 에칭을 사용하고 있다.

포토리소그래피는 진공을 사용하지 않기 때문에 이 책의 대상 밖인데, 뒤의 활성 가스 이온 에칭의 작용을 이해하기 위해서는 언급하지 않을 수 없다. 간단히 얘기하기로 한다.

포토리소그래피는 사진의 인화 공정과 비슷하다. 리소그래피라는 말 자체는 원래 미술용어로 석판(石版) 인쇄의 판화(版畵)를 뜻한다. 사진인 경우는 오늘날에는 필름에 현상한 상을 인화지에 안회한다. 그러나 초LSI 프로세스인 경우에는 필름 대신에 신축이 훨씬 적은 광학용 유리판을 써서 그 위에 그린 상(패턴이라고 부른다)을 아래에 놓은 인화지 대신으로 웨이퍼에 인화한다. 웨이퍼에는 인화 작용을 갖게 하기 위해서 표면에 감광막을 발라 둔다. 이것을 포토레지스트(Photoresist)라고 부른다. 즉 포토레지스트를 바른 웨이퍼 위에 현상한 건판(乾板)에 해당하는

9. 넓어지는 플라스마 이온빔 이용 기술   167

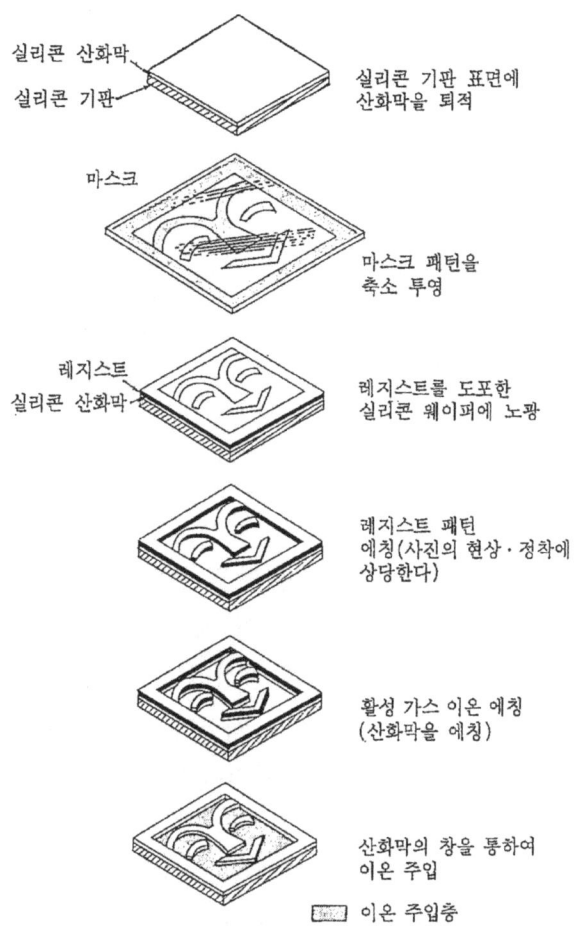

〈그림 9-2〉 포토리스그래피의 공정

 마스크를 씌워 위로부터 빛을 쬔다. 빛이라고 해도 파장이 짧은 자외선을 쓰고 있다. 즉 포토리소그래피라는 것은 마스크 위의 패턴을 웨이퍼에 전사(轉寫)하는 사진 제판 기술이라고 생각하면 된다.

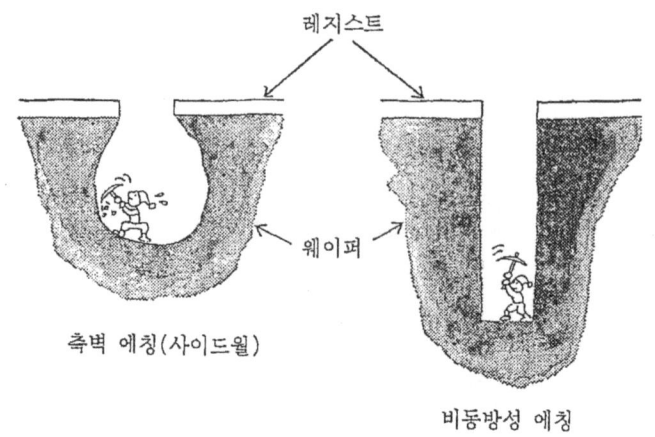

〈그림 9-3〉 측벽 에칭

패턴이 전사된 웨이퍼는 빛이 닿은 곳만 포토레지스트가 없어지고 빛이 닿지 않은 패턴 부분만 레지스트가 남아 있다.

포토리소그래피는 여기까지의 공정인데, 그 다음에 활성 가스 이온 에칭에 의하여 웨이퍼에 에칭이 시행된다. 리소그래피와 에칭은 일체가 되어 실리콘 웨이퍼에 회로의 패턴을 만들어 간다.

즉 이 박막을 부분적으로 제거하는 (3)의 프로세스는 초LSI 제조의 중심이 되는 프로세스이다. 이 프로세스를 중심으로 (2)의 성막 프로세스, (4)의 불순물 도핑 프로세스에서 왔다 갔다 하게 된다. (2)의 성막 속에서 진공 증착과 스퍼터 증착에 관해서는 이미 얘기했다. 그러나 이들 성막 기술과 함께 플라스마 화학 증착(플라스마 CVD)이 초LSI의 프로세스에 자꾸 도입되고 있다. 이 프로세스는 이 장에서 다루는 활성 가스 이온 에칭과 밀접한 관계가 있으므로 그에 관해서도 언급하기로 한다. 또한

(4)의 불순물 도핑에 사용하고 있는 이온 주입 기술도 플라스마에서 꺼낸 이온을 아주 높은 전압으로 가속하여 실리콘 웨이퍼에 박아 놓는 기술이므로 이에 관해서도 이 장 끝에서 얘기하겠다.

활성 가스 이온 에칭(RIE)

스퍼터링이라는 물리 현상에 관해서는 6장에서 얘기했다. 스퍼터 증착은 스퍼터링으로 타깃을 튀어나온 원자를 기판에 퇴적하는 성막법이었다. 한편 스퍼터링은 타깃을 표면으로부터 1층씩 깎는 것이기도 하다. 8장에서는 그것을 이용하여 갈륨-비소와 갈륨-알루미늄-비소의 초격자 구조의 분자선 에피택시얼 성장막의 깊이 방향 분석에 이용한 얘기를 소개했다. 여기서 얘기하는 활성 가스 이온 에칭은 스퍼터링으로 타깃을 깎는 것을 이용한다. 타깃은 이 경우, 패턴 전사(轉寫)가 된 레지스트층을 가진 실리콘 웨이퍼이다. 활성 가스 이온 에칭에서는 활성 가스의 플라스마를 만들어 그 플라스마 속으로부터 활성 가스 이온을 꺼내서 웨이퍼에 충돌시킨다.

LISI의 초기 무렵에는 웨이퍼의 에칭은 주로 화학 약품의 용액 속에서 했다. 액체를 쓰기 때문에 웨트 에칭(Wet Etching)이라고 부른다. 이 방법에도 한계가 있었다. 즉 에칭이 진행됨에 따라 레지스트가 남아 있는 아랫부분도 옆으로부터의 에칭을 받아 패이게 되기 때문이다. 레지스트의 남은 부분은 에칭이 진행되어 홈이 깊어져도 홈이 곧게 펴져야 이상적인데, 웨트 에칭에서는 홈이 곧지 않고 속에서 퍼진 모양이 되는 것이 초 LSI에서 채용할 수 없는 이유이다.

플라스마를 사용하는 활성 가스 이온 에칭은 진공 중에서의 프로세스이므로 드라이 에칭(Dry Etching)이라고 부른다. 이 방법은 256킬로비트의 마이크로칩을 만드는 데 필요한 1μ 수준의 폭이라도 곧은 홈을 팔 수 있다.

왜 활성 가스를 사용하는가? 아르곤 같은 희유기체로는 왜 안 되는가? 플라스마를 이용한 이온 에칭의 연구 단계에서는 희유 기체도 사용되었다.

활성 가스가 사용된 이유는 몇 가지 있다. 한 가지는 활성 가스를 잘 쓰면, 희유기체로서는 단지 물리적인 스퍼터링 작용만인데 비해서 화학적인 스퍼터링 효과가 덧붙여지는 것이다. 그 결과 에칭 속도를 빠르게 할 수 있고, 또한 바탕이 되는 박막의 종류에 따른 에칭 속도의 선택성이 생기는 것 따위를 기대할 수 있다(레지스트로 패턴이 그려진 웨이퍼를 에칭할 때 레지스트의 스퍼터 속도와 바탕 층의 그것이 크게 다른 쪽이 활성 가스 이온 에칭을 하기 쉽다. 이렇게 스퍼터하는 대상물에 따라서 에칭 속도를 대폭적으로 바꿀 수 있을 때 '선택성이 좋다'고 말한다).

활성 가스 이온 에칭에 알맞은 활성 가스를 찾아내는 것이 중요한 개발이었다. 지금은 플루오르나 염소를 함유하는 화합물 중에서 적당한 가스를 찾아내어 그것을 사용하고 있다.

또 한 가지는 처음에는 그다지 강하게 의식되지 않았는데, 플라스마 속에서 전자나 이온으로 만들어진 들뜬 전자나 들뜬 분자가 에칭에 중요한 구실을 하고 있다는 것이었다. 이 들뜬 입자의 작용은 나중에 얘기하는 플라스마 CVD에서는 특별히 중요한 구실을 한다.

9. 넓어지는 플라스마 이온빔 이용 기술   171

어디까지 선폭을 가늘게 할 수 있는가?

　포토리소그래피로 만든 레지스트의 선과 홈을 어느 깊이까지 충실하게 에칭할 수 있는가는 초LSI 공정에서 중요하다. 홈폭에 대한 깊이의 비를 아스펙트비(Aspect 比)라고 부른다. 아스펙트비가 클수록 깊이까지 깨끗하게 에칭되어 있다는 것을 뜻한다.

　아스펙트비는 홈폭이 좁아질수록 작아진다. 예를 들면 1μ의 홈폭일 때 깊이 1μ의 깨끗한 홈을 활성 가스 이온 에칭으로 만드는 것은 쉽지만 0.5μ의 홈폭에서 깊이 1μ의 홈을 파는 것은 어렵다. 0.5μ의 깊이가 깨끗하게 에칭되는 한계일 것이다. 즉 아스펙트비 1이다.

　그렇게 되는 최대의 이유는 플라스마 속에서 만들어진 이온이나 들뜬 에너지를 가진 중성의 반응종(反應種 : 라디칼) 입자가 운동하는 방향이 깨끗이 고르게 되지 않고 개중에는 몇대로의 방향으로 나아가는 이온도 있기 때문이라고 생각한다. 〔플라스마 속에는 많은 들뜬 상태의 분자나 원자가 존재한다. 여기서 반응종 입자라는 것은 활성 가스 분자나 그 파편(Fragment)으로 생긴 불안정한 분자나 원자의 들뜬 상태에 있는 것을 가리킨다〕

　이온이 나아가는 방향을 조금이라도 고르게 하기 위해서는 가스 압력이 낮은 곳에서 플라스마를 만들어 주어야 한다.

　이렇게 하면 이온이 나아가는 방향이 가지런히 되기 쉽다는 것과 라디칼 입자의 밀도가 낮아지면 아스펙트비가 높고, 좁고 깊은 홈을 에칭으로 팔 수 있게 된다.

　선폭이 0.5μ 이하가 되면 글로 방전으로 만든 플라스마 속의 이온으로는 아스펙트비가 더 나빠진다. 그것을 개선하는 데

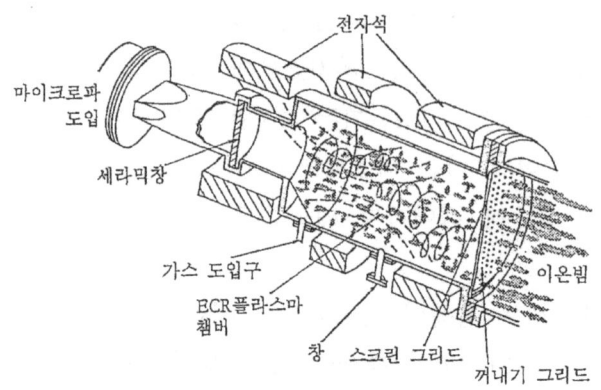

〈그림 9-4〉 ECR방전 활성 가스이온 에칭 장치

는 더 진공이 좋은(압력이 낮은) 영역에서 작용하는 이온총(Ion 銃)을 사용하는 것이 좋다. 이것이면 이온도 비교적 가지런한 방향으로 나아가는 것을 얻을 수 있다. 〈그림 9-4〉의 마이크로파의 전자 사이클로트론 공명(ECR)을 사용한 활성 가스 이온총의 서브미크론(1μ 이하의 것)의 에칭에 사용하여 높은 아스펙트 비를 얻을 수 있다(ECR=Electron Cyclotron Resonance의 약어. 2.45GHz의 전기장 속에서 운동하고 있는 전자를 875G의 자기장에 의한 사이클로트론 공명이라는 현상에 의하여 전기장 속에 가둘 수 있다. 이것은 글로 방전이 꺼지는 낮은 압력으로 방전을 지속시킬 수 있는데, 최대의 특징은 이 방전으로 만들어진 플라스마의 이온 온도가 다른 방법에 의한 것에 비해서 낮다는 것이다. 그러므로 이온의 가속 방법에 따라서 희망하는 저에너지의 대전류의 이온을 꺼낼 수 있다).

집적도를 향상하는 데 따라서 사용하는 활성 가스 이온 에칭 장치도 글로 방전의 플라스마로부터의 이온 충격 방식에서 ECR방전에서 꺼낸 이온빔을 이용하는 방식이나 레이저광을 에

9. 넓어지는 플라스마 이온빔 이용 기술   173

칭에 이용하는 기술 등 새 방식으로 바꿔질 것이다(활성 가스 분자의 화합 결합을 중단시키거나, 또는 들뜬 상태로 가져가는 에너지를 레이저광으로 주어서 빛빔이 충돌된 곳만 반응이 촉진되게 하여 에칭하는 연구가 시작되었다. 이것에 사용하는 레이저는 엑시마 레이저 Excimer Laser라는 파장이 짧은 레이저가 유망시 되고 있다). 그 이유는 단지 이온빔의 방향이 가지런하다는 것만이 아니고 웨이퍼에 주는 손상 문제로 보아도, 플라스마 속에서 발생한 고속 입자가 웨이퍼에게 충격을 주는 손상이 크게 클로즈업되고 있는 현상으로 보아 대부분이 반도체 프로세스 연구자가 그렇게 생각하고 있다(활성 가스 이온 에칭에 의하여 웨이퍼에 어떤 결함을 만들게 되는 것이 반도체 프로세스 기술자의 고민거리이다. 여기에서는 ECR방전이나 레이저광으로 만들어진 입자 빔의 에너지가 낮은 것이 좋은 작용을 할 것이라고 기대하고 있다).

플라스마로부터 받는 웨이퍼의 손상

여기서 고속 입자라고 하는 것은 전자, 이온 외에 고속 중성 입자가 포함되어 있다. 플라스마에 노출된 웨이퍼는 끊임없이 이런 고속 입자의 충격을 받게 된다. 전자나 이온은 전하(電荷)를 가지고 있으므로 전기장을 거는 방식에 따라 웨이퍼에 들어오지 않게 되쫓을 수 있다. 그러나 고속 중성 입자는 전하를 가지고 있지 않으므로 날아온 방향의 어디서나 충격을 준다. 플라스마로부터의 손상을 검토하는 경우에는 전자, 이온, 고속 중성 입자를 일련의 것으로 다루어야 한다.

어떻게 하여 고속 중성 입자가 생기는가, 어떤 조건에서 생기기 쉬운가를 9장의 칼럼 '고속 중성 입자의 발생'에서 해설한다.

웨이퍼의 프로세스 중의 손상에 대해서는 활성 가스 이온 에 칭뿐만 아니라 성막 프로세스에서도 이온 주입 프로세스에서도 문제가 되는 것은 말할 것도 없다. 특히 성막방법 중에서 플라스마를 이용하여 활성 가스 반응을 촉진시키는 플라스마 CVD 에 관해서는 다음 절에서 얘기한다.

플라스마 CVD

먼저 CVD란 무엇인가를 설명하겠다.

진공 증착, 이온 플레이팅, 스퍼터 증착 등을 통틀어서 물리적 증착법(Physical Vapor Depostion)이라고 부른다. 그리고 영어의 머리글자를 따서 PVD라고 약칭한다. 한편 CVD는 말할 것도 없이 화학적 증착법(Chemical Vapor Deposition)의 약칭, 즉 증착 프로세스 중에 화학적인 조작이 들어 있는 성막법을 뜻한다.

초LSI의 제도 프로세스 속에 등장하는 박막은 산화규소, 질화규소, 다결정실리콘, 알루미늄 등이다. 거기에 최근 텅스텐이나 몰리브덴 따위의 고온 금속의 규화물(실리사이드)이나 금속 그 자체의 박막이 덧붙여졌다.

이들 모두에 CVD가 사용되고 있다.

예를 들면 질화규소(Si_3N_4)는 실란 가스(SiH_4)와 암모니아(NH_3)를 반응실에 흘려보내어 다음과 같은 반응을 이용하여 웨이퍼 위에 박막을 만든다.

$$3SiH_4 + 4NH_3 = Si_3N_4 + 12H_2$$

이 성막에 필요한 바탕 온도는 상압(常壓)에서 약 900℃이다. 그에 대해서 플라스마 CVD에서는 100파스칼 이내의 압력으로 바탕 온도 350℃ 정도 낮출 수 있다. 플라스마를 유지하는 데는 고주파 전력을 가해야 하는데, 성막 온도가 이런 정도까지 낮게 할 수 있다는 것은 초LSI 제조 프로세스로서는 유리하다.

왜 플라스마 CVD로 하면 저온화 할 수 있는가?

이 질문에 대한 해답은 지금까지 이온 플레이팅, 스퍼터링에서 되풀이하여 얘기했으므로 어느 정도 짐작이 갈 것이다.

대략 화합물을 구성하는 원자와 원자 사이에 작용하고 있는 결합력을 뿌리치고 해리(解離)라고 하는 상태를 만들어내는데 필요한 에너지는 거의 $1eV(1.6 \times 10^{-19}J)$ 자리의 에너지이다. 이것을 노도로 환산하면 1eV는 1만 1600K(절대 온도)에 해당하므로, 실험실 속에서 열해리를 일으키게 하는 것은 쉽지 않다. 그러므로 상압의 CVD에서는 주로 기판 표면에서의 화학 반응에 의하여 성막을 하고 있다. 이 경우에는 기판 온도를 주로 반응을 촉진하는 역할에 쓰고 있을 뿐이다.

그러나 플라스마 속에서는 얼마든지 1eV보다 큰 에너지를 가진 입자가 만들어진다. 즉, 여기가 중요한 일인데, 플라스마에 의한 해리가 기판의 표면이 아니고 플라스마 공간에서 일어나고 있어서 해리한 입자가 직접 기판에 올 수 있다는 점이다.

물론, 플라스마 속에서 만들어진 고속입자(이온, 고속 중성입자, 전가)가 들뜬 분자·원자나 플라스마 발광과 함께 기판에 입사하는 효과도 크게 기여하고 있다.

지금 반도체 공장에서는 보통의 CVD 프로세스에 덧붙여서 산화막, 질화막, 다결정 실리콘막 등의 성막에 플라스마 CVD 프로세스를 많이 사용하고 있다.

이를테면 요즈음 우리 주변에서 전자계산기나 손목시계 등에

고속 중성 입자의 발생

진공 증착에서는 고속 중성 입자는 발생하지 않는다.

이온 플레이팅에서 시작하여 스퍼터링, 활성 가스 이온 에칭, 플라스마 CVD 등 플라스마를 진공 중의 프로세스에 이용할 때에 비로소 고속 중성 입자가 발생한다. 이러한 고속 중성 입자는 편리한 작용과 불편한 작용의 어느 쪽도 할 수 있다. 그러므로 잘 사용하기 위해서는 그 성질을 잘 알아두어야 할 것이다.

〈그림 9-5〉를 보기 바란다. 이 그림은 대칭 공명 전하 교환의 모양을 모형으로 그린 것이다.

이온과 평행으로 열운동 속도로 달리고 있는 분자는 이온과 같은 종류의 원소로 되어 있다. 즉 분자로부터 1개의 전자가 빠져나간 것이 1가(價)의 양이온이 되어 있다. 이온과 이 상태의 분자가 결정적으로 다른 것은 이온 쪽은 플라스마 속의 전기장에서 가속을 받아서 고속으로 운동하고 있는 데 대해서, 분자 쪽은 느릿느릿한 열운동 속도로 달린다는 것이다.

이 분자의 이온 관계를 릴레이 경기에 견주어 보자.

두 사람의 주자가 릴레이의 바통인 전자를 분자 쪽에서 이온 쪽으로 터치하면(사람의 릴레이의 경우와는 반대인데) 바통을 건네준 분자는 새로이 양이온이 되어 전기장으로 가속되어 고속으로 달리기 시작한다. 한편, 바통(전자)을 받은 제2주자는 전하가 없어지지만 그때까지의 속도로 트랙을 달린다.

이런 정경을 상상하기 바란다.

제2주자에 해당하는 것이 전자의 릴레이 바통을 받은 고속 중성 입자이다.

그러므로 고속 중성 입자가 생기는 데는 이온과 열운동 속도로 운동하는 분자가 공간에서 전자의 릴레이 바통을 주고받을 수 있을 정도의 거리에 가까워지는 기회가 필요하다. 1파스칼 정도의 플라스마 속에서는 그런 기회는 얼마든지 있다. 그리고 그 기회는 평균 자유 행정과 직접 관계가 있으므로 압력이 낮아지면 그에 비례하여 적어진다.

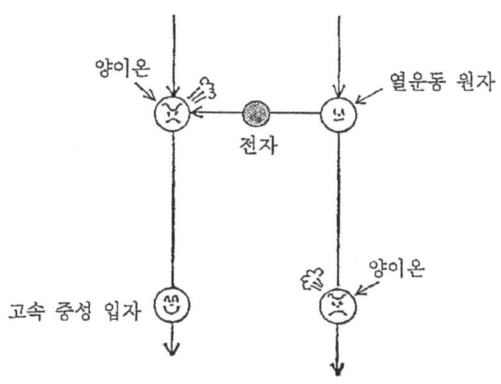

〈그림 9-5〉 고속 중성 입자의 발생

여기에서는 해설을 간단히 하기 위해서 같은 종류의 분자 -이온 사이의 전하 교환만을 얘기했는데, 종류가 다른 이온- 분자 사이의 전하 교환도 물론 존재한다. 그래서 얘기를 더욱 더 복잡하게 만든다.

많이 쓰고 있는 아모르퍼스실리콘 태양 전지에도 이 플라스마 CVD를 사용하고 있다는 것을 덧붙여 두겠다. 자세한 것은 9장의 칼럼 '아모퍼스 태양 전지'를 보기 바란다.

그럼 본 제목으로 되돌아가자. 플라스마 CVD를 초LSI의 제조 공정에 많이 사용하고 있지만, 다음 단계를 생각하면 플라스마 속의 프로세스이기 때문에 고속 중성 입자나 이온, 전자 등의 한전 입자가 웨이퍼에 주는 손상 문제는 벗어날 수 없다.

이 사정은 활성 가스 이온 에칭과 같다. 더욱이 플라스마 CVD쪽은 박막을 퇴적하는 프로세스이므로 영향은 훨씬 크다.

원래 프로세스를 저온화 하는 데에 필요한 것은 들뜬 분자, 원자이고 그보다 에너지가 높은 고속 중성 입자나 하전 입자는 불필요하다.

지금 이런 입장에서 에칭과 성막의 두 가지 프로세스에 대해서 연구자 사이에서 빛을 들뜸에 사용하는 프로세스 연구가 많이 되고 있다. 또한, 결론은 아무것도 얻어지지 않았지만 학회의 발표 회장에서는 심한 경쟁이 벌어지고 있다.

광CVD, 광에칭이라고 부르는 연구 분야가 그것이다(성막 프로세스 쪽에서도 빛으로 활성 가스를 들뜨게 하는 연구가 성행되고 있다. 사용하는 빛으로는 엑시머 레이저나 그것보다 훨씬 파장이 짧은 진공 자외선 따위가 시도되고 있다).

아모퍼스 태양 전지

플라스마 CVD를 대규모적인 진공 장치에서 생산에 사용하는 가장 대표적인 예는 아모퍼스 태양 전지일 것이다.

아모퍼스 태양 전지는 〈그림 9-6〉과 같은 구성으로 되어 있다. 먼저 유리 기판에 ITO라고 부르는 투명한 전도막(傳導膜)을 붙인다.

ITO는 산화인듐과 산화주석의 혼합물의 약칭이다. 이 박막은 미리 스퍼터링 등으로 퇴적해 둔다. 이 투명 전도막을 붙인 유리 기판 위에 p층, I층, n층이라는 세 층의 아모퍼스 실리콘을 플라스마CVD로 퇴적한다. 거기에 전극으로서 알루미늄 박막을 증착으로 붙인다. 그것으로 아모퍼스 태양 전지가 완성된다.

아모퍼스 실리콘(아모퍼스란 비결정질이라는 뜻으로 결정화되어 있지 않은 상태를 가리킨다. 고체로서 비결정질의 것으로는 이밖에 유리가 잘 알려져 있다)은 실란가스(SiH_4) 속에서의 글로 방전에 의하여 성막하는데, p층에서는 그 속에 어떤 정해진 극미량의 디보란(B_2H_6)을 함께 도입하여 박막 속에 불순물 붕소(B)를 도핑한다. I층은 불순물을 아무것도 넣지 않는다. n층에는 실란과 함께 이것도 또한 극미량의 포스핀(PH_3)을 도핑 가스로 도입하여 아모퍼스 실리콘 박막 속에 인(P)을 넣는다.

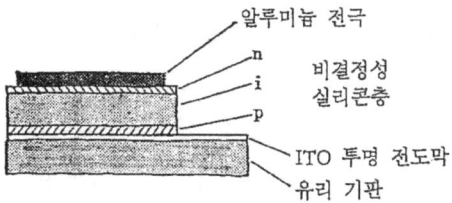

〈그림 9-6〉 비결정성 태양전지의 구조 n층은 인을, p층은 붕소를 불순물로 넣고 있다. i 층은 아무 불순물을 넣지 않는다.

이온 주입이란 무엇인가?

이 장에서는 진공 기술을 바탕으로 한 플라스마나 이온빔의 이용 기술이 초LSI용의 마이크로칩의 제조 기술로서 급속히 퍼지고 있는 얘기를 해왔다. 이 장의 처음에 든 〈그림 9-1〉에 CMOS-LSI 공정을 들었다. MOS, 즉 Metal Oxide Semiconductor 트랜지스터는 게이트부가 금속층-절연층-반도체층의 세 층으로 구성되어 있다. 이 중에서 CMOS라는 것은 상보적(Complementary)으로 p형(양공의 흐름)과 n형(전자의 흐름)의 MOS구조를 조합시킨 것이다. 동작 속도가 빠르고 또한 소비 전류가 아주 적어도 되므로 고집적화가 가능하다. 따라서 메모리나 마이크로프로세서에 많이 쓰고 있다. 참으로 산업의 쌀이라고 하는 초LSI소자는 이것이다. 그럼 이 CMOS-LSI공정 중에서 세정 공정에 이어 많은 것이 불순물 도입이라는 것을 얘기했다.

개별적인 반도체 소자의 제조 단계에서는 불순물의 도입(도핑)에 확산로(擴散爐)라고 하는 것을 쓰고 있다. 그러나 LSI에서는 그 대신 이온 주입 프로세스를 대량으로 사용하게 되었다.

확산로라는 것은 실리콘 웨이퍼에 불순물로서의 붕소, 인, 비소 등으로 스며들게 하는 프로세스이다. 붕소를 예를 들어 설명하면 웨이퍼를 고온의 붕소 증기 속에 잠가둔다. 그렇게 하면 붕소는 천천히 시간을 들여 실리콘 속으로 스며들어간다. 표면이 가장 진하고 속으로 들어갈수록 엷어진다. 이것이 확산 프로세스인데, 확산층의 붕소 농도는 확산로의 온도와 그 속에 웨이퍼를 넣어둔 시간의 함수로서 결정된다. 붕소인 경우에는 900℃에서 1,100℃까지의 확산로 온도가 필요하다.

처음에 실리콘 웨이퍼에 숨어들게 하는 것만이라면 확산 프로세스가 단순해서 좋다.

그러나 실리콘 웨이퍼 위에 여러 가지 회로 소자를 쌓아가는 LSI에서는 나중 공정에서 회로의 한 부분에 불순물 확산이 필요하게 된다. 더욱이 붕소와 인을 조금만 떨어지게 확산시키고 싶다는 요청이 생긴다. 이러한 회로 구성상의 요청을 확산 프로세스만으로 하기에는 무리가 있다. 그래서 이온 주입의 프로세스가 필요하게 되었다.

불순물 도입 프로세스 중에서 현재 MOS에서는 80 SOWL 100%, 바이폴러(양극)에서는 50 내지 100%가 이온 주입 프로세스가 되어 있다고 한다.

(바이폴러 집적 회로는 MOS 집적 회로에 비해서 한층 고속의 기억·연산에 사용된다. 또한 전류를 많이 취하기 쉽다는 것이 특징인데, 반면에 소비 전력이 많고 집적도를 올리는데 어려움이 있다고 한다. 그러나 대형 컴퓨터에서는 가장 빠른 기억 부분에 바이폴러가 사용되고 있다)

이온 주입의 경우에 같은 불순물을 스며들게 한다고 해도, 확산의 경우와는 그 스며들게 하는 방식이 다르다. 확산의 경우에는 표면이 가장 진하고 속으로 갈수록 얇아져 가는데, 이온 주입의 경우는 표면으로부터 어떤 일정한 깊이에 불순물 농도가 가장 진한 곳이 있어서 그 양쪽에 산기슭이 비스듬하게 되는 것처럼 점점 옅어진다. 그 가장 진한 위치를 주입 깊이라고 부른다. 그리고 그 주입 깊이를 중심으로 하여 양쪽으로 산기슭처럼 되어 있는 층을 주입층이라고 부른다.

확산이 온도와 시간의 함수로 결정된 데 대하여 이온 주입은 주입 이온의 에너지와 이온 전류 밀도와 주입 시간의 함수로 결정된다.

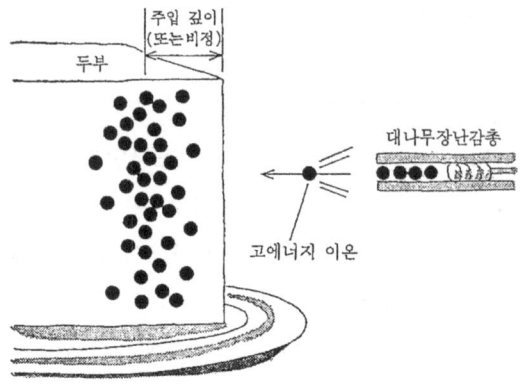

〈그림 9-7〉 대나무 장난감 총과 두부

이온 주입을 설명하는 데는 대나무 장난감 총에 비유하면 알기 쉽다. 두부에 대나무 총으로 콩을 쏘아보면 어떻게 될까?

콩이 튀어나오는 기세가 강하면 콩은 두부 속을 파고든다. 이렇게 하여 콩을 일정한 수만큼 쏘아 넣은 다음에 두부를 총을 쏜 방향으로 잘라 보면 콩이 두부의 어떤 깊이에서 흩어져 있는 모양을 상상할 수 있을 것이다.

이 비유로 사용한 두부는 실리콘 웨이퍼에 해당한다. 콩은 주입하는 이온종(예를 들면 붕소), 대나무총은 이온 주입 장치에 해당한다.

이온 주입은 이온을 만드는 데서 웨이퍼에 주입하는 데까지 전부 진공 중의 프로세스이다. 이온원의 플라스마 속에서 만든 이온을 인출 전극의 슬릿을 통하여 이온빔의 형태로 꺼낸다. 이온빔을 가속하거나 질량 분리하거나 웨이퍼에 박아 넣은 곳은 진공이 아니면 이온빔 자신은 만들 수 없다. 더욱이 원하는 이온종만 주입하고 싶고 다른 불순물은 웨이퍼 속으로 가져가고 싶지 않기 때문에 가급적 청정한 진공일 것이 요구되고 있다.

　또한 이온 빔을 가속하는 것은 웨이퍼 속의 주입 깊이를 주어야 하는 요구에서 이온 에너지를 선택할 필요성 때문인데, 생산 현장에서는 1만에서 20만V까지의 넓은 범위에서 가속하는 것이 요구되고 있다.

　이온의 질량 분리는 어쨌든 20만V까지에 이르는 고속 이온을 질량에 따라 정밀도가 좋게 가려내는 것이므로, 정밀하게 자기장을 제어한 큰 부채꼴 전자석을 사용하고 있다.

　또한 고속의 이온빔이 도중에서 진공 중의 가스 분자에 충돌하거나 빔이 퍼져서 도중의 전극이나 진공 용기 벽에 부딪쳐 고속 중성 입자가 발생하지 않도록 하는 등 장치에 세심한 주의를 기울이고 있다. 그리고 생산 장치에서는 실리콘 웨이퍼를 자동적으로 이온빔 앞에 가져와서 이온빔을 텔레비전의 브라운관 속의 전자 빔과 같이 가로세로로 주사(走査)하거나 웨이퍼를 많이 배열한 원판을 고속으로 회전시키든가 하여 웨이퍼에 능률적으로 균일하게 이온을 주입하고 있다. 이온 주입 장치는 반도체 제조 장치 중에서도 대규모적인 장치이며 생산용 기계에서는 1대에 1억 엔(円) 이상이 된다.

　그런 대규모적인 기계를 쓰면 확산로와 어떤 차이가 있는가? 다시 한 번 정리하여 특징을 들면 다음과 같다.

(1) 이온 주입 깊이, 주입량이 이온빔의 가속 전압, 전류, 밀도, 주입 시간으로 정확히 정할 수 있다.

(2) 그들의 파라미터를 감시하여 안정시켜 제어할 수 있으므로 재현성이 아주 좋다.

(3) 이온 주입량을 10^{10}개에서 10^{16}개/cm²까지의 넓은 범위에 걸쳐

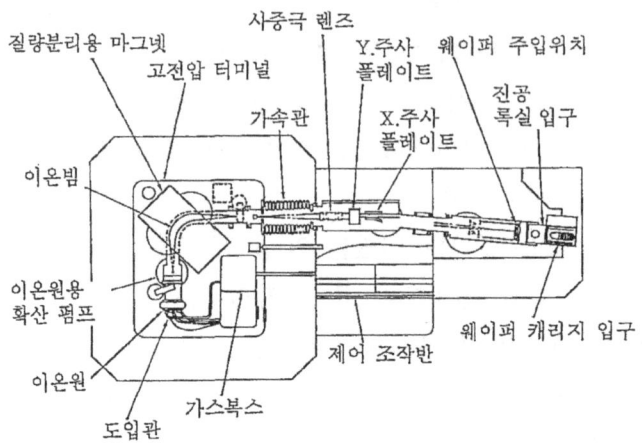

〈그림 9-8〉 이온 주입 장치

서 선정할 수 있다.

낮은 농도의 10^{10}에서 10^{13}자리의 불순물의 도핑은 확산로 프로세스에서는 불가능하였다.

(4) 낮은 에너지의 대전류 붕소 이온빔을 써서 소자의 고집적화, 고속도화를 위해 얕은 접합층에 고농도 붕소 불순물층을 만드는 데도 적합하다.

(5) 이온 주입은 깊이 방향뿐만 아니고 주입 위치로부터의 가로 방향에의 퍼짐도 또한 적다. 이것은 초LSI 소자를 위한 불순물 도핑용으로 유리하다.

(6) 주입 프로세스 그 자체는 본질적으로 저온 프로세스이다. 주입 때에 특별한 고온은 필요 없다.

(7) 주입 불순물의 순도는 아주 높다.

(8) 산화막을 통하여 밑의 실리콘층에 주입할 수 있다.

(9) 포토레지스트로 패턴을 그린 웨이퍼에 직접 주입할 수 있다.

이런 일로 해서 웨이퍼의 전면에 균일하게 이온빔을 주입해도 실리콘면이 노출되는 창 부분만 불순물을 도핑할 수 있게 된다. 레지스트 위에 주입한 것은 나중에 레즈스트를 제거해 버리면 된다.

플라스마 이온빔 이용 기술의 마무리

이 장에서는 지금 반도체 공장에서 사용되는 반도체 제조 장치에 플라스마 기술이 얼마나 깊이 침투되어 있는가를 활성 가스 이온 에칭과 플라스마 CVD 기술을 통해서 얘기했다. 플라스마를 사용하는 이점과 결점은 맞먹는다. 특히 플라스마 CVD인 경우, 결점 쪽은 플라스마 속에 포함되어 있는 고속의 하전 입자와 중성 입자에 의해서 일어난다. 한편, 들뜬 분자·원자는 바람직한 작용을 하고 있으므로, 차라리 들뜬 분자·원자만을 사용하면 어떨까 하는 방향으로 연구가 진행되고 있다는 것을 소개한다.

반도체 공장에서는 플라스마뿐만 아니라 플라스마로부터 꺼낸 순수한 이온빔도 이용하고 있다. 이온 주입이 그것이다. 초LSI의 불순물 주입 기술로서의 이온 주입 기술은 다른 프로세스 기술로는 대치할 수 없는 독자적인 자리를 차지하고 있다.

이 장에서는 이들 모두에 깨끗한 진공이 필요하며 또한 사용되고 있는데, 여기에 관해서는 충분히 설명하지 못했다.

여기서 간단히 설명하면 이들의 모든 장치는 크라이오 펌프나 터보 분자 펌프를 사용하고 있다. 그리고 초고진공 기술을 구사한 장치 설계가 되어 있다.

이들 모든 반도체 제도 장치에 지금 공통으로 부과된 중요한 문제는 진공을 포함하는 프로세스에서 서브미크론의 먼지가 발생하는 것과 그것을 제거하는 문제이다.
　이 문제에 관해서는 다음 10장에서 얘기한다.

10. 거대과학과 초고진공 기술—앞으로의 진전

여기까지 온 진공 기술

이 책 초반에 2차 세계대전 후의 진공 기술이 그때까지는 기체 분자 운동론에 기초를 둔 "공간 우세의 세계"였는데 이후 표면 과학에 기초를 둔 "표면 우세의 세계"로 변해왔다는 것을 얘기했다. 그리고 그 위에 열린 새로운 공업 분야로서 성막 공업을 들지 않을 수 없다는 것을 진공 증착, 이온 플레이팅, 스퍼터 증착 응용을 예를 들어 얘기해 왔다.

또한 반도체 공업, 특히 초LSI 제조가 되면 이 표면 과학에 기초를 둔 초고진공 기술이 깨끗한 진공을 만드는 수단으로 깊이 관련되어 있는 모습을 그렸다.

또한 그것과 얽혀서 플라스마가 반도체의 제조 프로세스에서 널리 이용되고 있는데, 그 플라스마는 깨끗한 플라스마여야 하는 것, 그것을 달성하는 데는 깨끗한 진공 속에서 만들어진 플라스마여야 하는 것, 그리고 그것들이 모든 초고진공과 끊으려야 끊을 수 없는 밀접한 관계에 있다는 것을 얘기했다.

초고진공 기술은 많은 경우에 얼굴을 겉으로 나타내지 않는다. 이것은 마치 음악의 멜로디에 대하는 하모니와 같이 생각된다. 플라스마 과학과 표면 과학이, 그 속에 다시 초고진공 기술이 하모니를 이루고 있다.

이 책 처음에서 진공 공업의 관련 수목도를 들었다. 그 나무 모습에서 말하면 이 책에서 얘기한 사실은 우듬지에 맺은 과실의 하나하나에 해당한다. 그 비유에서 말하면 이 마지막 장에서 얘기하는 것은 높은 우듬지에서 맺은 아직 익지 않은 과일이라고 할까.

이 장 앞부분에서는 핵융합에 깨끗한 플라스마가 절대로 필요한 데서 그 깨끗한 플라스마를 만드는 데 어떤 일이 행해지고 있는가에 관해서 얘기한다. 이어 거대과학의 다른 하나의 기수인 고에너지 입자 가속기의 초고진공 얘기를 한다. 미래의 리소그래피와 주목받고 있는 SOR광(싱크로트론 궤도 방사광)에 의한 포토리소그래피는 전자 축적링이라고 불리는 가소기로부터 나온 빛을 이용한다. 또 하나의 화제는 고에너지 입자 가속기의 진공 용기에 알루미늄 합금제의 것이 등장하기 시작한 것이다. 그때까지의 스테인레스강제가 중심이었던 초고진공 용기에 또 하나로 알루미늄 합금제의 초고진공 용기가 덧붙여진 것으로 초고진공 기술의 내용이 한층 풍부하게 된 것은 즐거운 일이다. 그 관건 기술이 또한 이온 플레이팅이었던 것은 뒤에서 얘기한다.

마찬가지 초고진공 기술의 화제이지만, 우주 환경에 뛰어나가는 중요한 개발에 관해서는 이 책에서 언급하지 않기로 한다. 아주 중요하지만 범위가 너무 넓어서 남은 페이지에 다 수용할 수 없기 때문이다.

이 책에서는 다루는 범위를 일렉트로닉스에의 응용에 한정했다. 그런 뜻에서 이 책 끝에 앞으로 중요한 관건 기술이 되는 진공 중에서의 먼지 연구의 필요성을 얘기하기로 한다.

핵융합과 깨끗한 플라스마

이바라키 현 나카 군에 있는 일본 원자력 연구소인 나카 연

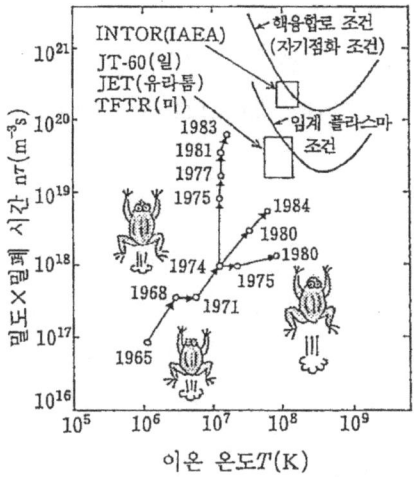

〈그림 10-1〉 핵융합 임계 플라스마 조건

구소에서 임계플라스마 시험 장치 JT-60이 실험되었다(1985년 4월 8일에 처음으로 플라스마 점화 시험에 성공했다). 이 거대한 장치의 플라스마 용적은 60㎥, 그것을 둘러싸는 초고진공 용기의 용적은 150㎥가 되는 것인데, 지금 세계 중의 핵융합 관계의 물리학자가 기대를 가지고 그 성과를 기다리고 있는 것은 단지 세계의 넷 중에 드는 그 거대함 때문은 아니다. 세계에서 가장 깨끗한 플라스마가 실현되는 것도 그 중의 하나이다. 〈그림 10-1〉을 보기 바란다. 세계 중의 핵융합 장치가 경쟁하여 노리고 있는 목표이다. 그것이 이 그림에 나타나고 있다. 세로축이 플라스마의 이온 온도, 가로축이 플라스마의 입자 밀도와 플라스마의 폐쇄 시간의 곱이다. 그림의 위쪽에 이중 현수막이 드리워지고 있다. 바깥쪽은 임계 조건 달성의 목표이다. 안쪽은 핵융합로 실현의 달성 조건의 목표가 되고 있다. 아래

쪽에 붙어있는 표시가 세계 중의 대형 토카마크(Torkmak) 실험 장치나 미러형(Mirror 型)의 장치나 레이저 핵융합 장치의 최고 출력을 나타낸 것이다. 그러므로 이 그림은 열심히 임계 조건을 달성하려는 연구자의 노력을 엿볼 수 있는 그림이다. 그분들이 화를 낼지 모르겠지만, 이 그림은 땅 위에서 뛰어 버드나무 가지를 잡으려고 하는 개구리를 상상하게 한다. 표시는 각 개구리가 뛰어오른 최고 높이라고 해도 된다.

이렇게 되면 일본 원자력 연구소의 대형 토카마크 장치 JT-60이 아주 높은 목표를 노리고 있다는 것을 알 수 있을 것이다. 버드나무 가지가 아닌 임계 조건 달성의 현수막을 잡을 희망이 충분히 있다.

깨끗하다는 것은 이 경우에 본질적으로 높은 온도의 플라스마를 오랫동안 유지할 수 있다는 것과 관련된다. 수소의 플라스마 속에 아주 조금이라도 불순물이 섞여 있으면 플라스마의 온도가 금방 내려가서 핵융합 반응의 임계점에 이르는 희망은 사라져 버린다.

JT-60은 거대하지만, 곳곳에 초고진공 기술을 구사하여 깨끗한 플라스마를 만드는 노력을 하고 있다.

깨끗한 플라스마가 절대 필요조건인 핵융합 실험에서는 진공은 단지 깨끗한 진공을 만드는 구실만이 아니고 플라스마가 벽에 닿아 더러워지는 것까지 고려하여 대책을 세워야 한다는 엄격한 조건이 붙어있다.

핵융합 장치에서 플라스마와 벽 표면의 상호 작용으로 불순물이 발생하거나 벽 재료가 손상을 입는다. 이런 프로세스를 플라스마 표면 상호 작용이라고 부르는데, 〈그림 10-2〉와 같이

10. 거대과학과 초고진공기술   191

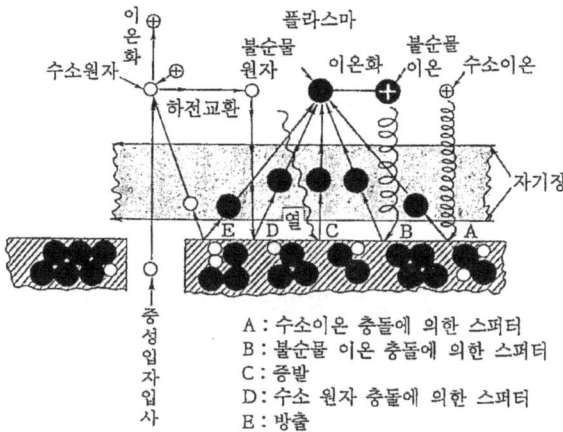

〈그림 10-2〉 플라스마 표면 상호 작용

　실로 복잡한 과정이 거기에 있다.
　그래서 플라스마가 닿는 벽(이것을 제1벽이라고 부른다)을 가급적 불순물이 튀어나오지 않게 하는 고안이 JT-60에서는 시행되어 있다.
　초고진공 용기 안쪽의 플라스마가 닿는 쪽에 제1벽을 '갑옷'처럼 둘러치고 있다. 제1벽은 탄화티탄 코팅이 되어 있다. 갑옷미늘의 반은 이 책의 5장에서 얘기한 이온 플레이팅으로 코팅한 것이다. 나머지 반은 CVD(화학 증착법)를 쓰고 있다.
　탄화티탄이 선정된 이유는 원자 번호가 낮은 원소로 되어 있고, 더욱이 수소 플라스마에 의하여 스퍼터링 되기 어렵기 때문이다.

고에너지 입자 가속기와 SOR광

　쓰쿠바 연구 학원 도시의 북쪽 끝에 고에너지 물리학 연구소가 있다. 여기에서 차례차례로 거대 가속기가 탄생되고 있다. 처음에 포톤 팩토리(Photon Factory)가 1981년에 완성되었다.

포톤은 광자, 팩토리는 공장이라는 뜻이다. 광자 공장(光子工場)이라는 꿈이 있어서 좋은 이름이다. 빛의 속도에 가까운 고속 전자를 지름 약 60m의 알루미늄 합금제의 링 모양을 한 파이프 속에서 빙글빙글 돌게 한다. 고에너지 입자가 지나갈 때에 커브에 들어서면 접선 방향으로 전자기파를 낸다. SOR광(싱크로트론 궤도 복사광)이라고 부르는 X선 영역의 파장을 가진 빛이다. 이 빛을 베릴륨 창에서 꺼내서 여러 가지 실험에 사용한다. 이 가속기는 일본에서 알루미늄 합금제의 초고진공 용기를 거대한 규모로 쓴 최초의 것이다.

알루미늄 합금제의 초고진공 용기 얘기는 나중에 하기로 하고, 먼저 SOR광 얘기부터 하겠다.

일본에서 SOR광을 처음으로 낸 것은 다나시(田無)에 있는 도쿄(東京) 대학 원자핵 연구소에 건설한 SOR링이라는 이름의 소형 전자 축적링에서였다. 약 10nm의 파장을 가진 이 가속기에서 얻어진 SOR광은 많은 순수 물리학 실험을 하는 데 쓸모 있었다. X선 파장이 10nm 근처라는 것은 여러 가지 물질의 격자 간격에 비해서 같은 자릿수이므로 연구에 알맞은 빛이었다.

그러나 쓸모 있었던 것은 새삼 순수물리학 실험에서뿐만 아니었다. 실로 행운이었던 것은 초LSI의 선 너비를 어떻게 하면 미세화 할 수 있는가를 필사적으로 추구하고 있던 그룹이 SOR링을 써서 아스펙트비(에칭의 홈너비에 대한 깊이의 비)가 좋은 레지스트 패턴으로 만드는 데 성공했다(SOR복사광에 의하여 전사한 레지스트 패턴으로 그때까지 얻어지지 못했던 서브미크론의 선 너비

10. 거대과학과 초고진공기술

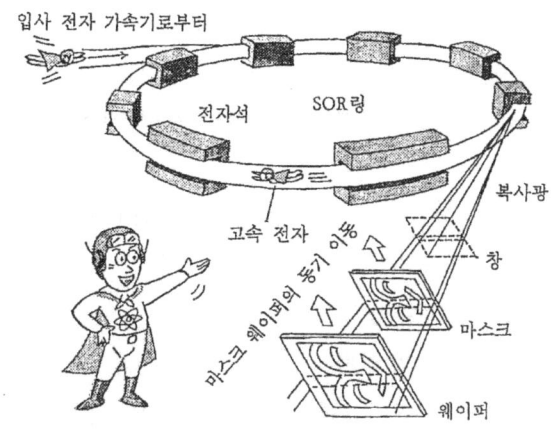

〈그림 10-3〉 SOR링

인 깊은 홈 패턴을 만들 수 있다는 것이 증명되었다).

그 당시에 들은 오사카 대학 기초 공학부 나니와 교수 얘기로는 그 패턴을 촬영한 35밀리 슬라이드가 세계 속을 달렸다고 한다.

전자 축적 링은 그 뒤 쓰쿠바의 전자 기술 총합 연구소, 쓰쿠바의 고에너지 물리학 연구소, 오카사키(岡崎)의 분자 과학 연구소에 건설되고 있다. 그리고 전자 기술 총합 연구소의 것이나 고에너지 물리학 연구소의 것은 앞에서 얘기한 SOR광 리소그래피 연구에 쓰고 있다.

참으로 전자 축적 링은 초고진공 기술이 점지해준 자식과 같은 존재이다.

한 번 그 속에 전자를 모아 넣으면 링 속을 빙글빙글 돌면서 언제까지나 없어지지 않는 것이 좋다. 가급적 초고진공으로 유지하여 도중에 링 속에 남아 있는 기체 분자와 전자가 충돌하지 않게 하는 것이 무엇보다 중요하다.

그러므로 링 속의 진공은 언제까지나 10^{-9}파스칼 이하가 되게 만들고, 또한 유지한다. 진공이라는 점에서는 가장 엄격한 가속기이다.

고에너지 물리학 연구소의 포톤 팩토리의 링은 알루미늄 합금을 사용한 점이 특징이다.

왜 알루미늄 합금제로 하는가?

이러한 고에너지 가속기는 운전하면 주위 것을 방사선이 나오게 한다. 운전 중은 말할 것도 없고 운전을 정지해도 잠시 동안은 기계 옆에 가까이 갈 수 없다. 이를테면 방사능으로 '뜨거워져' 있다('뜨겁다'는 것은 물론 비유해서 말한 것이다).

그리고 기계 쪽에 가까이 가게 될 때까지 '식는 데' 걸리는 시간이 스테인리스강제보다 알루미늄 합급제 쪽이 훨씬 짧다는 이점이 있다. 그러므로 가급적 알루미늄 합금제로 만들고 싶은 것이다.

고에너지 물리학 연구소는 이 포톤 팩토리의 빛나는 성공에 이어 트리스탄(Tristan)이라는 별명을 가진 거대한 가속기의 건설을 추진하고 있다.

트리스탄이라는 이름은 아일랜드의 켈트 전설 영웅으로 바그너(Richard Wagner, 1813~1883)의 악극 《트리스탄과 이졸테》로 잘 알려진 주인공과 같다.

이 트리스탄 계획에서 가속기의 알루미늄 합금화는 한층 진척되고 있다.

이 알루미늄 합금제로 나아갈 수 있게 도약하게 된 혁신적 관건 기술에 알루미늄 합금 플랜지의 이온 플레이팅이 있다(플랜지란 진공 배관의 끝에 달려있는 날밑 모양을 한 것이다. 양쪽 플랜지를 합쳐서 그 사이에 가스킷을 끼워서 진공 기밀을 유지하는 구실을 한다).

전부의 초고진공계를 알루미늄 합금제로 하는 데에는 플랜지까지 알루미늄 합금제로 할 필요가 있는데, 그대로는 메탈 가스킷을 사용할 수 없다(고진공용에는 고무제의 가스킷, 즉 패킹을 써야 하는데, 진공 기밀을 유지하자면 상당한 기술이 필요하다). 가스킷을 사용하여 밀봉하면 플랜지의 나이프 에지 면이 크리프되어 버린다〔진공 기밀을 얻기 위한 봉지(封止)를 되풀이하는 동안에 처음에 날카로웠던 나이프에 지면이 금속제 가스킷의 굳기로 무뎌져 버리는 것〕은 어려움이 있다. 이것을 해결한 것은 5장에서 얘기한 이온 플레이팅이었다. 플랜지 면에 질화크롬을 붙이면 크리프에 의해서 나이프 에지 면이 무뎌지는 일이 일어나지 않게 되었다. 질화크롬의 굳기가 나이프 에지 면의 무딤을 방지한다. 질화크롬 대신에 질화티탄이라도 같은 결과가 얻어진다는 것이 나중에 밝혀졌다.

어쨌든 이온 플레이팅이 초고진공 용기의 알루미늄 합금화 촉진에 쓸모 있었던 것은 기술이 일반적으로 길러지는 것이 아니라 서로 도와가면서 진전하는 모습을 잘 나타내고 있다.

알루미늄 합금제 초고진공 배기계

여기서 진공 기술의 역사에 대해서 페이지를 쪼개는 것을 용서하기 바란다.

진공 배기계를 구성하기 위한 구조 재료가 어떻게 변천되어 왔는가를 되돌아보면 〈그림 10-4〉와 같다.

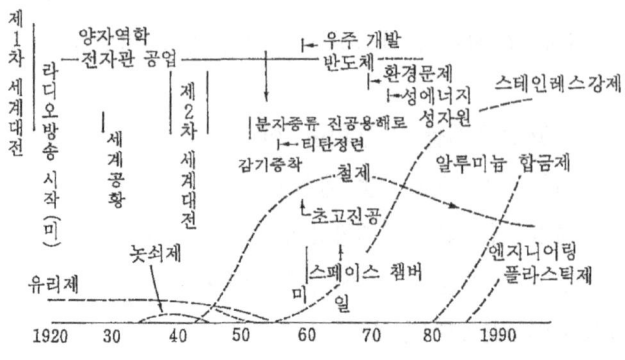

〈그림 10-4〉 진공용 구조 재료의 변천

처음에 진공 기술은 전구·전자관의 기술과 더불어 발전해 왔다. 2차 세계대전 전의 진공 기술은 주로 전자관 공장에 있었다고 해도 지나친 말이 아니다. 전구는 말할 것도 없고, 전자관 또한 유리가 그 구성 재료였으므로 유리관을 써서 진공을 만드는 것이 일상적인 작업이었다. 그리고 당시의 대학이나 연구소의 물리·화학 실험실에서는 유리는 익숙한 실험 장치의 구성 재료였다. 그러므로 진공은 유리관의 실험 장치로 만드는 것에 아무런 이상한 감도 없었다.

2차 세계대전 후 1950년대까지는 유리관이 진공 장치의 구성 재료였다.

물론 금속제 장치도 있었는데, 그런 경유에는 놋쇠를 쓰거나 탄소 강판을 썼다.

전후의 첫째가는 공업용 진공 장치는 분자 증류 장치였는데 그것은 탄소강제였다. 그리고 티탄의 정련에는 역시 탄소강제의 진공 장치가 사용되고 그것이 해마다 대형화되어 갔다. 또한 유도식 진공 용해로를 비롯한 특수강으로 된 정제용 진공로는 금방 진공 장치의 규모를 대형화해 갔는데 이들 진공 장치는 모두 탄소 강판으로 만들어졌다.

탄소 강판은 좋은 구성 재료다. 그러나 녹을 방지할 수 없는 재료다. 그리고 이 녹이 대량의 수증기를 흡착하여 진공 중에서 그 수증기를 한없이 방출한다.

그러므로 10^{-3}파스칼 정도까지의 잔공 장치에 큰 진공 펌프를 붙여서 사용하는 경우에 알맞은 구성 재료였다. 1958년에서 1960년대 초에 걸쳐서 초고진공 생성에 스테인리스강제의 진공 장치를 쓰게 되었다. 이 경향은 지금도 쭉 계속되고 있고 더욱이 확대 방향을 유지하고 있다. 그리고 최근에는 초고진공 장치뿐만 아니라 반도체 제조용 장치는 거의 모두가 스테인리스강제로 대치되고 있다는 것이 실상이다.

2차 에너지 위기 이후 일본 알루미늄 업계의 저미기(低迷期)로부터(빈정대는 것이 아니고 단순히 때마침 시기가 일치하였다는 뜻이다) 초고진공 기술 분야에 알루미늄 합금재의 장치·부품이 적극적으로 채용되었다.

처음에 대규모로 사용된 것은 이 장에서 이미 얘기한 것처럼 고에너지 입자 가속기에 대해서였다. 알루미늄 합금제의 플랜지에 질화크롬이나 질화티탄을 이온 플레이팅으로 코팅하여 메탈 가스킷 실을 할 수 있게 된 것이 하나의 계기가 되어 초고진공 장치의 전알루미늄 합금화가 촉진되었다.

또 하나의 계기는 진공 용기의 안쪽 전면에 질화티탄의 코팅을 하는 것이다. 이것으로 더 일반적으로 사용하는 초고진공용 배기계에 쓸 수 있게 되었다.

이렇게 되면 이제는 알루미늄 합금제라고 말할 수 없고 알루미늄 합금을 베이스로 한 복합 재료라고 해야 할 것이다. 알루미늄 합금의 열전도율이 좋은 것과 질화티탄 후막의 내산(耐酸)·내식(耐蝕性)과 내마모성에 뛰어난 성질이 일체가 되어 기능한다.

질화티탄 대신에 질화크롬의 이온 플레이팅도 사용할 수 있는데, 일반적인 사용법으로서는 질화티탄 쪽이 당연히 좋다. 그 이유는 질화티탄은 금색이므로 이 코팅한 진공 용기로 진공 증착이나 스퍼터 성막을 하였을 때에 용기 벽의 더러움 상황을 직감적으로 알 수 있고, 또한 닦아서 깨끗해진 상황을 직접 알 수 있기 때문이다. 1984년에는 질화티탄 코팅한 알루미늄 합금제의 초고진공 배기계 부품이 일본에서 시판되었다.

이 새로운 진공 용기 구성 재료는 전적으로 역사적 필연성에서 나온 것이므로 앞으로의 발전이 기다려진다.

초고진공 기술 분야는 아니지만 저진공 영역에서 사용할 수 있는 구성 재료로서 엔지니어링 플라스틱은 앞으로 주목해야 할 것이다.

진공 기술 분야에서 일찍 사용되었는데도 불구하고 그다지 주요한 구성 재료가 되지 않았던 이유는 과거에는 있었는데 엔지니어링 플라스틱의 등장으로 녹슬지 않는 내약품성에 뛰어난 저진공 배관으로 가장 많이 써야 하는 재료가 되고 있다.

또 하나 남은 중요한 구성 재료가 있다.

새로운 기능 재료로서의 세라믹스이다.

종전에는 유리는 투명해서 좋지만 깨지기 쉬운 것, 도기(陶器)는 역시 약하고 깨어지기 쉽다는 인식이 있었다. 우리가 일상 쓰는 '사기그릇'에서 가지는 이미지가 너무 강해서 부분적으로는 사용되었지만 벌벌 떨며 사용하는 것이 실상이었다.

또 하나로 사용하기 어려운 점은 금속 재료와 달라 소재를 사서 적당한 가공업자에 의뢰하여 가공하는 것이 어렵다는 점이다. 세라믹스에 관한 한 소재 메이커와 가공업자가 나눠져 있지 않다. 공업용의 것이라도 사기그릇을 사는 것처럼 성형품 밖에 살 수 없다면 구성 재료로 보는 경우에 그다지 진전이 없지 않았을까?

금속 재료와 같이 판재(板材), 봉재(棒材), 선재(線材)가 소재의 형태로 구입되어 절삭·절단·용접이 쉽게 될 수 있으면 아주 새로운 진공 장치의 구성 재료가 된다.

야나기다 선생에 의하면 현대는 2차 석기시대라고 한다(『파인 세라믹스』참고). 지금까지 설명한 것은 꿈이 아니고 아마 실현될 것이다. 가급적이면 세계에 앞서서 우리나라에서 실현되었으면 한다.

앞으로의 진전에 중요한 진공 중의 더스트 연구

이 장에서는 과거를 되돌아보고 이제부터 나아갈 방향을 얘기하겠다.

그렇게 먼 장래의 일이 아니고, 현재 중요한 관건 기술로서 곧장 해결하고 싶은 문제에 진공 중의 더스트(먼지) 문제가 있다.

이것은 아직 전혀 해결되지 않았다. 그러나 반도체, 특히 초LSI의 마이크로칩을 생산하는 공장에서는 피할 수 없는 큰 문제이다.

요즈음 클린 룸이라는 말이 일반 사람들에게도 어떤 일을 하는가, 왜 필요한가 따위가 이해되고 있다. 반도체 제조에 클린 룸이 없어서는 안 되는 중요한 환경이라는 것은 상식이 되고

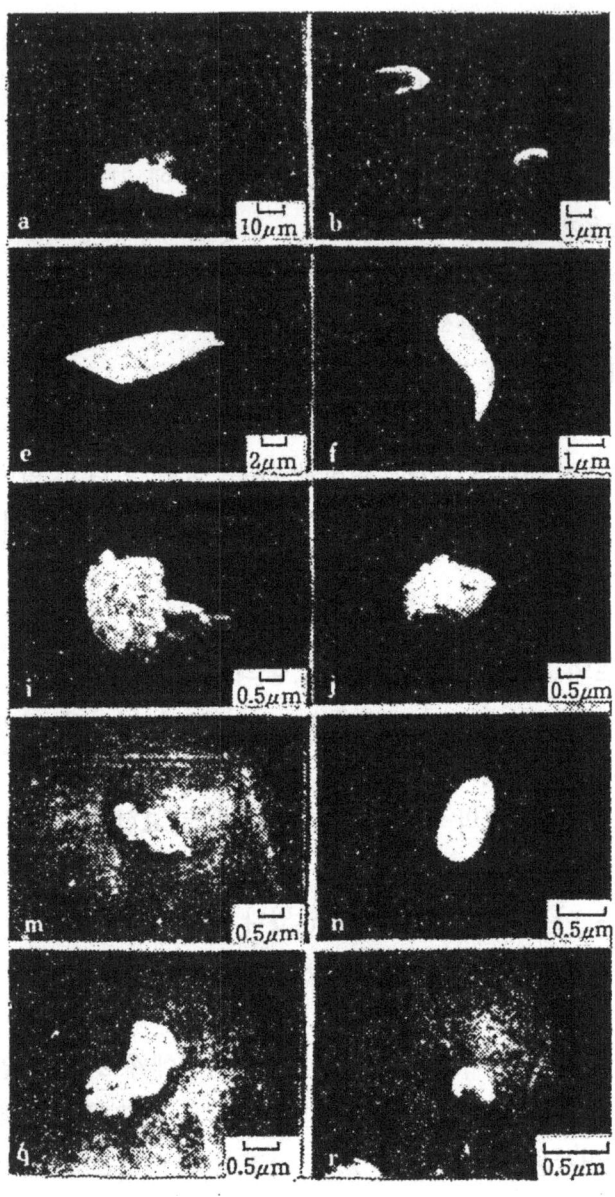

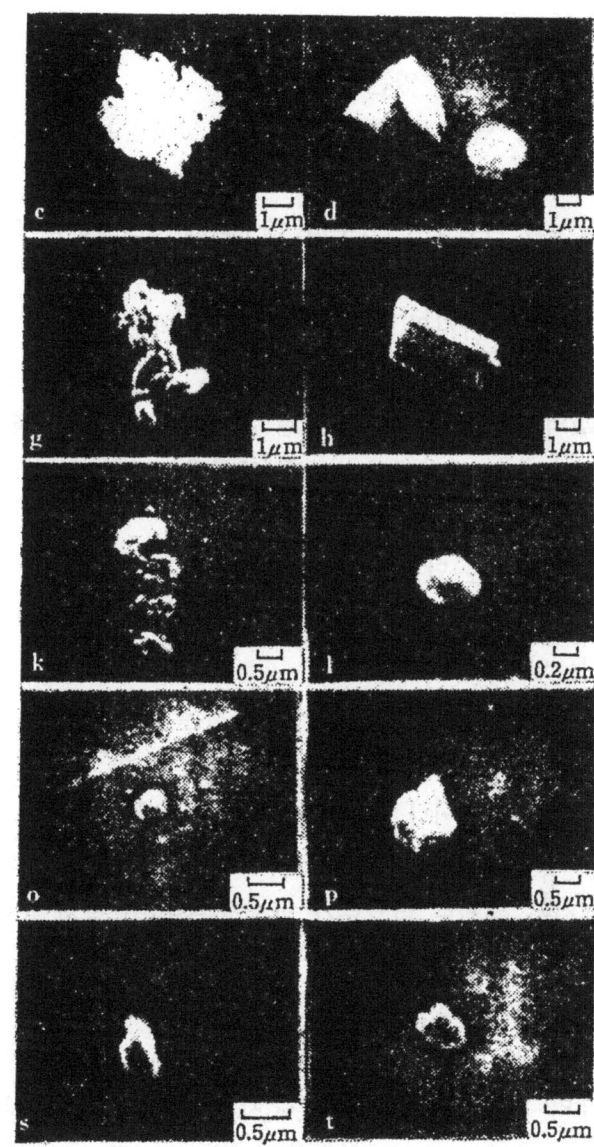

〈그림 10-5〉 진공 중의 먼지

있다.

클린 룸에 진공 장치를 넣으면 더스트 프리(먼지가 없는)한 마이크로칩이 생산될 수 있는가?

유감스럽게도 답은 부분적으로는 "예스"이지만 전체적으로는 "노"라고 하지 않을 수 없다.

진공 장치의 바깥쪽을 아무리 깨끗하게 해도 진공 안쪽에서 발생하는 더스트를 제거할 수 없다.

어느 정도 크기까지의 더스트가 방해가 되는가?

요구되는 선 너비에 따라 달라지지만, 1메가비트의 초LSI에서는 0.3μ의 더스트가 마이크로칩 위에 있어서는 안 된다. 생산득률(生産得率)을 고려하며 6인치 웨이퍼(지름 152㎜) 위에 10개 이상이라는 기준이 적용될 것이다.

0.3μ라는 크기는 담배 연기 하나하나의 입자 크기와 같다고 한다. 물론 눈에는 보이지 않는다. 그런 작은 것을 그렇게 적게 할 수 있는 일이 요구된다.

〈그림 10-5〉를 보기 바란다. 이 사진은 필자가 속하는 연구실에서 찍은 진공 중의 더스트의 주사형 전자 현미경 사진이다. 아주 진귀한 것이다. 왜냐하면 진공 중에서 발생한 더스트를 그대로의 상태에서 찍은 사진이기 때문이다. 이런 사진을 찍기 위해서는 실제로 더스트가 발생하는 진공 장치 속에 직접 주사형 전자 현미경을 설치해서 촬영해야 한다.

이 사진을 보면 0.2μ까지의 더스트라도 여러 가지 모양의 더스트가 있다는 것을 알게 된다.

먼저 유리 파편 같은 것이 있다(사진 e, h). 또 솜 부스러기 같은 것이 있다(사진 c, g) 전체가 빛나서 뚜렷한 모양이 보이지

10. 거대과학과 초고진공기술   203

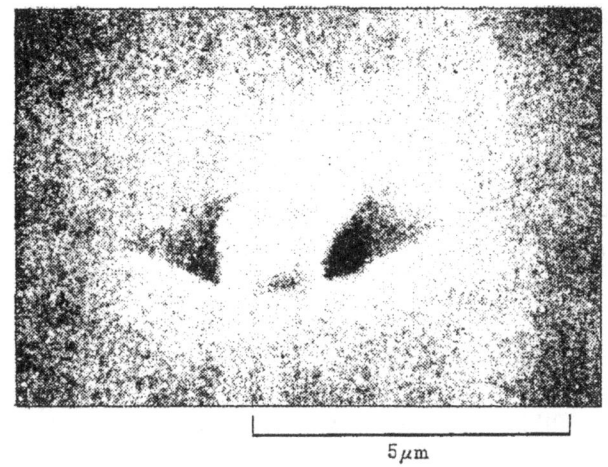

〈그림 10-6〉 버즈아이 디펙트

않는 것이 있다(사진 f, n). 그 밖에도 여러 가지가 있다.

왜 그럴까? 무엇 때문에 이렇게 보일까? 아직 이것이 무엇, 저것은 무엇이라는 것이 밝혀져 있지 않다.

어떤 메커니즘으로 이런 더스트가 기판 위에 왔는가도 아직 밝혀져 있지 않다. 일체가 수수께끼에 싸여 있다.

이런 더스트 문제에는 관심이 없다는 사람은 〈그림 10-6〉을 보기 바란다.

이것은 요즈음 주목을 받는 분자선 에피택시얼 성장법으로 만든 갈륨-비소의 단결정 박막에서 볼 수 있는 버즈아이 디펙트(새눈 모양을 한 결함)라고 불리는 것이다.

이것이 어떻게 생기는가는 아직 잘 알려져 있지 않지만, 이 결함이 있으면 그곳에는 갈륨-비소 소자는 만들어지지 않는다.

필자는 이 결함이 더스트 때문에 일어난다고는 하지 않았다.

그러나 더스트에 의해서 갈륨-비소 위나 실리콘 위라도 결함이 생기는 것, 결함의 방아쇠가 된다는 것을 알게 되면 더스트 문제를 모른 체하고 지나쳐 버릴 수 없다.

이 장에서 트리스탄이라는 이름의 가속기 얘기를 했다. 그 비유에 따라 필자도 바그너의 악극 《로엔그린》 끝 장면의 말을 인용하고 그치겠다.

"안녕, 다정한 아내여, 안녕!
이 위에 머물러 있어서는 성배(聖盃)의 노여움을 산다. 안녕!"

다카쓰지 역, 신서관(新書館), 1985

필자의 경우에는, 우선 '아내'를 '독자'로 바꾸고 '성배'를 '일'로 바꿀 필요가 있다.

초고진공이 여는 세계
하이테크를 뒷받침하는 기초지식

1쇄   1990년 08월 30일
8쇄   2020년 11월 03일

지은이   고미야 소지
옮긴이   한명수
펴낸이   손영일
펴낸곳   전파과학사
주소   서울시 서대문구 증가로 18, 204호
등록   1956. 7. 23. 등록 제10-89호
전화   (02) 333-8877(8855)
FAX   (02) 334-8092
홈페이지   www.s-wave.co.kr
E-mail   chonpa2@hanmail.net
공식블로그 http://blog.naver.com/siencia

ISBN 978-89-7044-082-8 (03420)
파본은 구입처에서 교환해 드립니다.
정가는 커버에 표시되어 있습니다.

도서목록
현대과학신서

A1 일반상대론의 물리적 기초
A2 아인슈타인 I
A3 아인슈타인 II
A4 미지의 세계로의 여행
A5 천재의 정신병리
A6 자석 이야기
A7 러더퍼드와 원자의 본질
A9 중력
A10 중국과학의 사상
A11 재미있는 물리실험
A12 물리학이란 무엇인가
A13 불교와 자연과학
A14 대륙은 움직인다
A15 대륙은 살아있다
A16 창조 공학
A17 분자생물학 입문 I
A18 물
A19 재미있는 물리학 I
A20 재미있는 물리학 II
A21 우리가 처음은 아니다
A22 바이러스의 세계
A23 탐구학습 과학실험
A24 과학사의 뒷얘기 1
A25 과학사의 뒷얘기 2
A26 과학사의 뒷얘기 3
A27 과학사의 뒷얘기 4
A28 공간의 역사
A29 물리학을 뒤흔든 30년
A30 별의 물리
A31 신소재 혁명
A32 현대과학의 기독교적 이해
A33 서양과학사
A34 생명의 뿌리
A35 물리학사
A36 자기개발법
A37 양자전자공학
A38 과학 재능의 교육
A39 마찰 이야기
A40 지질학, 지구사 그리고 인류
A41 레이저 이야기
A42 생명의 기원
A43 공기의 탐구
A44 바이오 센서
A45 동물의 사회행동
A46 아이작 뉴턴
A47 생물학사
A48 레이저와 홀러그러피
A49 처음 3분간
A50 종교와 과학
A51 물리철학
A52 화학과 범죄
A53 수학의 약점
A54 생명이란 무엇인가
A55 양자역학의 세계상
A56 일본인과 근대과학
A57 호르몬
A58 생활 속의 화학
A59 셈과 사람과 컴퓨터
A60 우리가 먹는 화학물질
A61 물리법칙의 특성
A62 진화
A63 아시모프의 천문학 입문
A64 잃어버린 장
A65 별·은하 우주

도서목록
BLUE BACKS

1. 광합성의 세계
2. 원자핵의 세계
3. 맥스웰의 도깨비
4. 원소란 무엇인가
5. 4차원의 세계
6. 우주란 무엇인가
7. 지구란 무엇인가
8. 새로운 생물학(품절)
9. 마이컴의 제작법(절판)
10. 과학사의 새로운 관점
11. 생명의 물리학(품절)
12. 인류가 나타난 날 I (품절)
13. 인류가 나타난 날 II (품절)
14. 잠이란 무엇인가
15. 양자역학의 세계
16. 생명합성에의 길(품절)
17. 상대론적 우주론
18. 신체의 소사전
19. 생명의 탄생(품절)
20. 인간 영양학(절판)
21. 식물의 병(절판)
22. 물성물리학의 세계
23. 물리학의 재발견〈상〉
24. 생명을 만드는 물질
25. 물이란 무엇인가(품절)
26. 촉매란 무엇인가(품절)
27. 기계의 재발견
28. 공간학에의 초대(품절)
29. 행성과 생명(품절)
30. 구급의학 입문(절판)
31. 물리학의 재발견〈하〉
32. 열 번째 행성
33. 수의 장난감상자
34. 전파기술에의 초대
35. 유전독물
36. 인터페론이란 무엇인가
37. 쿼크
38. 전파기술입문
39. 유전자에 관한 50가지 기초지식
40. 4차원 문답
41. 과학적 트레이닝(절판)
42. 소립자론의 세계
43. 쉬운 역학 교실(품절)
44. 전자기파란 무엇인가
45. 초광속입자 타키온
46. 파인 세라믹스
47. 아인슈타인의 생애
48. 식물의 섹스
49. 바이오 테크놀러지
50. 새로운 화학
51. 나는 전자이다
52. 분자생물학 입문
53. 유전자가 말하는 생명의 모습
54. 분체의 과학(품절)
55. 섹스 사이언스
56. 교실에서 못 배우는 식물이야기(품절)
57. 화학이 좋아지는 책
58. 유기화학이 좋아지는 책
59. 노화는 왜 일어나는가
60. 리더십의 과학(절판)
61. DNA학 입문
62. 아몰퍼스
63. 안테나의 과학
64. 방정식의 이해와 해법
65. 단백질이란 무엇인가
66. 자석의 ABC
67. 물리학의 ABC
68. 천체관측 가이드(품절)
69. 노벨상으로 말하는 20세기 물리학
70. 지능이란 무엇인가
71. 과학자와 기독교(품절)
72. 알기 쉬운 양자론
73. 전자기학의 ABC
74. 세포의 사회(품절)
75. 산수 100가지 난문·기문
76. 반물질의 세계
77. 생체막이란 무엇인가(품절)
78. 빛으로 말하는 현대물리학
79. 소사전·미생물의 수첩(품절)
80. 새로운 유기화학(품절)
81. 중성자 물리의 세계
82. 초고진공이 여는 세계
83. 프랑스 혁명과 수학자들
84. 초전도란 무엇인가
85. 괴담의 과학(품절)
86. 전파는 위험하지 않은가
87. 과학자는 왜 선취권을 노리는가?
88. 플라스마의 세계
89. 머리가 좋아지는 영양학
90. 수학 질문 상자

91. 컴퓨터 그래픽의 세계
92. 퍼스컴 통계학 입문
93. OS/2로의 초대
94. 분리의 과학
95. 바다 야채
96. 잃어버린 세계·과학의 여행
97. 식물 바이오 테크놀러지
98. 새로운 양자생물학(품절)
99. 꿈의 신소재·기능성 고분자
100. 바이오 테크놀러지 용어사전
101. Quick C 첫걸음
102. 지식공학 입문
103. 퍼스컴으로 즐기는 수학
104. PC통신 입문
105. RNA 이야기
106. 인공지능의 ABC
107. 진화론이 변하고 있다
108. 지구의 수호신·성층권 오존
109. MS-Window란 무엇인가
110. 오답으로부터 배운다
111. PC C언어 입문
112. 시간의 불가사의
113. 뇌사란 무엇인가?
114. 세라믹 센서
115. PC LAN은 무엇인가?
116. 생물물리의 최전선
117. 사람은 방사선에 왜 약한가?
118. 신기한 화학 매직
119. 모터를 알기 쉽게 배운다
120. 상대론의 ABC
121. 수학기피증의 진찰실
122. 방사능을 생각한다
123. 조리요령의 과학
124. 앞을 내다보는 통계학
125. 원주율 π의 불가사의
126. 마취의 과학
127. 양자우주를 엿보다
128. 카오스와 프랙털
129. 뇌 100가지 새로운 지식
130. 만화수학 소사전
131. 화학사 상식을 다시보다
132. 17억 년 전의 원자로
133. 다리의 모든 것
134. 식물의 생명상
135. 수학 아직 이러한 것을 모른다
136. 우리 주변의 화학물질
137. 교실에서 가르쳐주지 않는 지구이야기
138. 죽음을 초월하는 마음의 과학
139. 화학 재치문답
140. 공룡은 어떤 생물이었나
141. 시세를 연구한다
142. 스트레스와 면역
143. 나는 효소이다
144. 이기적인 유전자란 무엇인가
145. 인재는 불량사원에서 찾아라
146. 기능성 식품의 경이
147. 바이오 식품의 경이
148. 몸 속의 원소 여행
149. 궁극의 가속기 SSC와 21세기 물리학
150. 지구환경의 참과 거짓
151. 중성미자 천문학
152. 제2의 지구란 있는가
153. 아이는 이처럼 지쳐 있다
154. 중국의학에서 본 병 아닌 병
155. 화학이 만든 놀라운 기능재료
156. 수학 퍼즐 랜드
157. PC로 도전하는 원주율
158. 대인 관계의 심리학
159. PC로 즐기는 물리 시뮬레이션
160. 대인관계의 심리학
161. 화학반응은 왜 일어나는가
162. 한방의 과학
163. 초능력과 기의 수수께끼에 도전한다
164. 과학재미있는 질문 상자
165. 컴퓨터 바이러스
166. 산수 100가지 난문·기문 3
167. 속산 100의 테크닉
168. 에너지로 말하는 현대 물리학
169. 전철 안에서도 할 수 있는 정보처리
170. 슈퍼파워 효소의 경이
171. 화학 오답집
172. 태양전지를 익숙하게 다룬다
173. 무리수의 불가사의
174. 과일의 박물학
175. 응용초전도
176. 무한의 불가사의
177. 전기란 무엇인가
178. 0의 불가사의
179. 솔리톤이란 무엇인가?
180. 여자의 뇌·남자의 뇌
181. 심장병을 예방하자